Contraste insuffisant des couvertures
supérieure et inférieure

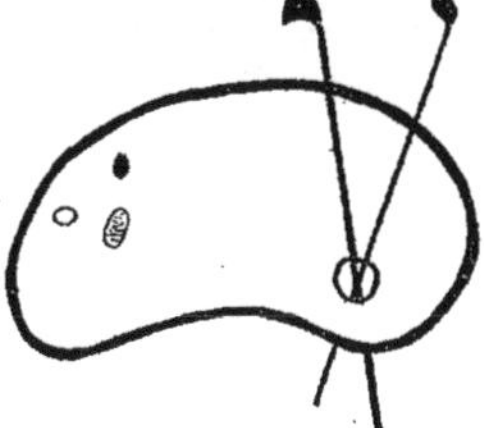

COUVERTURE SUPERIEURE ET INFERIEURE
EN COULEUR

# LA CHASSE DU LOUP

PARIS

*CABINET DE VÉNERIE*

M DCCC LXXX

# LE CABINET DE VÉNERIE

PETITE BIBLIOTHÈQUE DU CHASSEUR

Tirage à 300 exemplaires sur papier de Hollande, — 20 sur papier de Chine, — 20 sur papier Whatman.
Tous les exemplaires sont numérotés.

Chasseur et bibliophile sont deux qualités qui ne s'excluent nullement, et plus d'une main experte au rude exercice de la chasse sait manier un livre élégant et précieux avec la délicatesse à laquelle on reconnaît le véritable amateur. Nous avons donc voulu réunir, pour les chasseurs bibliophiles, sous le titre de *Cabinet de vénerie*, les plus anciens livres de chasse en prose et en vers, qui remontent à l'origine de la littérature cynégétique, et divers petits ouvrages du XVI^e et du XVII^e siècle qui concernent chacun une espèce de chasse particulière, et qui peuvent être considérés, par cela même, comme plus techniques et plus pratiques à la fois.

Sous la direction de M. Paul Lacroix, et avec la collaboration de M. Ernest Jullien, à la disposition de qui M. Alfred Werlé a bien voulu mettre sa riche bibliothèque, le *Cabinet de vénerie* ne peut manquer de rencontrer un accueil favorable chez les amis de la chasse et des livres.

EN VENTE

*Discours de l'antagonie du chien et du lièvre* (1593), par Jéhan du Bec . . . . . . . . . . . . . . . . . . . . 6 fr

Sous presse : *Le Miroir de fauconnerie* (1620), par Pierre Harmont.

7658. — Imp. Jouaust.

# CABINET DE VÉNERIE

PUBLIÉ

PAR E. JULLIEN ET PAUL LACROIX

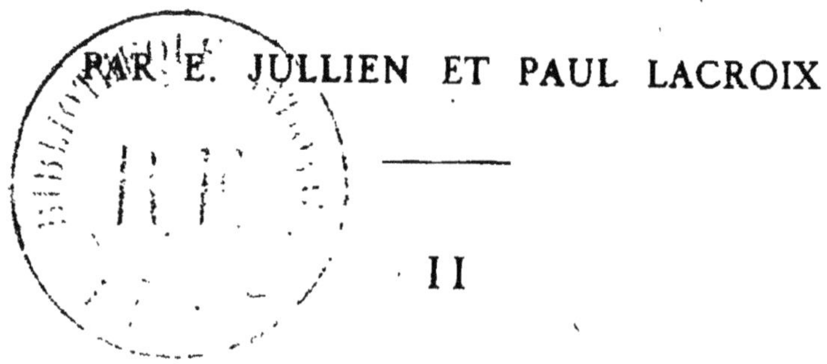

---

II

# LA CHASSE DU LOUP

TIRAGE

| | | |
|---|---|---|
| 300 | exemplaires | sur papier de Hollande, |
| 20 | — | sur papier de Chine, |
| 20 | — | sur papier Whatman. |
| 340 | exemplaires, numérotés. | |

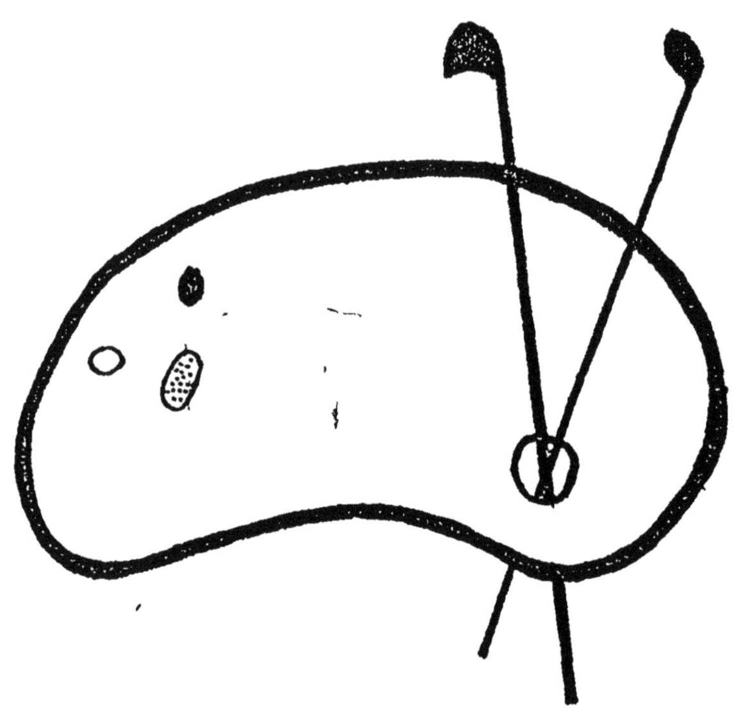

LA

# CHASSE DU LOUP

NÉCESSAIRE A LA MAISON RUSTIQUE

PAR JEAN DE CLAMORGAN

*Réimprimée sur l'édition de* 1583

AVEC UNE NOTICE ET DES NOTES

PAR

ERNEST JULLIEN

PARIS

LIBRAIRIE DES BIBLIOPHILES

Rue Saint-Honoré, 338

M DCCC LXXXI

# NOTICE

ELZÉAR BLAZE, *dans son charmant ouvrage* LE CHASSEUR AU CHIEN COURANT [1], *cite ce quatrain dû à la muse naïve de quelque poète du temps passé :*

Le grand viel loup et la louve nuisante,
L'homme ne doit abattre seulement,
Mais aussi doit la race si meschante
Des louveteaux estaindre entierement.

*Le conseil était sage, mais sa mise à exécution présentait de nombreuses difficultés. Néanmoins les veneurs français, soucieux de l'intérêt de leur pays, le prirent pour règle de conduite. Grâce à eux, les loups ont presque disparu de la plus grande partie de la France. Clamorgan ne pourrait donc dire aujourd'hui : « Or, encore qu'il y ait peu de gens qui ne congnoissent les loups et n'en ayent veu,... je n'ay voulu pourtant obmettre à descrire*

1. Paris, 1851, t. II, p. 107.

*la forme, mœurs, nature et difference des loups*[1]. »

*Autrefois ces animaux carnassiers décimaient les troupeaux; la fréquence de leurs attaques compromettait même la sécurité des personnes. La couronne essaya souvent d'obvier à de pareils maux. Deux capitulaires de Charlemagne des années* 800 *et* 813[2] *obligeaient chacun des* vicarii *ou gouverneurs de provinces d'entretenir deux officiers appelés* luparii. *Ceux-ci, chargés de détruire les loups, soit à force de chiens, soit avec des pièges, étaient tenus d'envoyer, tous les ans, à l'empereur les peaux des animaux qu'ils avaient pris. Charles VII, dérogeant aux prescriptions de ses prédécesseurs qui réservaient le droit de chasse à la noblesse, autorisa tous les habitants du royaume à tuer les loups. En outre, une ordonnance de* 1436 *décida que le trésor royal payerait vingt sols par chaque tête de bête abattue*[3]. *Probablement vers la même époque, l'amant de la belle Agnès Sorel institua la charge de grand louvetier de France, dont le P. Anselme lui attribue la création*[4]. *Avant le XVIe siècle les louvetiers des*

1. *La Chasse du loup*, p. 10.
2. Baluze, *Capitularia regum Francorum*, t. I, p. 341 et 508.
3. *Traité de la police*, v° *Chasse*.
4. *Histoire généalogique et chronologique de la Maison de France*, t. VIII, p. 781.

*provinces n'avaient que de simples commissions; François Ier, pour stimuler leur zèle, érigea ces commissions en offices* [1]*; mais tandis que, depuis Charles VII, le payement des primes pour la destruction des loups incombait au fisc, le roi* père des veneurs, *comme l'appelle du Fouilloux* [2], *en fit un véritable impôt qu'il mit à la charge des habitants des campagnes. Ainsi les propriétaires de chaque feu ou maison des villages situés à deux lieues de l'endroit où un de ces animaux avait été tué devaient verser entre les mains de l'officier de louveterie deux deniers pour un loup et trois deniers pour une louve* [3].

*De semblables mesures restèrent cependant inefficaces. Sous Henri II, François II et Charles IX notamment, les loups infestaient réellement le pays; ils se réunissaient par bandes. Une nuit de janvier, certain piqueur de Clamorgan en compta seize sur le même carnage* [4]*. Le mal était dû à des causes multiples. Quoique devenus officiers royaux, les louvetiers faisaient assez négligemment leur service. Puis, pour attaquer le loup, et surtout le vieux loup, il faut peu craindre la fatigue, avoir des équipages dispendieux, des chiens de race,*

---

1. *Traité de la police*, v° *Venaison.*
2. *La Vénerie*, chap. III.
3. *Traité de la police*, v° *Venaison.*
4. *La Chasse du loup*, p. 48.

*bien dressés, toujours tenus en haleine; aussi trop fréquemment les grands seigneurs du XVI^e siècle préféraient-ils chasser le cerf. Quant aux simples gentilshommes, ils se contentaient le plus ordinairement de prendre le lièvre à force. Jusqu'en* 1554, *on n'avait que l'arc et l'arbalète, armes de jet d'un tir peu sûr pour atteindre le gibier à de grandes distances. Vers cette époque seulement, d'Andelot, général de l'infanterie française, ayant, à l'aide de perfectionnements fort ingénieux, rendu le maniement de l'arquebuse non moins facile que commode, le nouvel engin de destruction commença à être adopté par les veneurs*[1]. *Enfin les règles indispensables pour ceux qui auraient voulu se livrer assidûment au rude métier de chasser le loup n'apparaissaient encore nettement formulées dans aucun traité. Le* LIVRE DU ROY MODUS ET DE LA ROYNE RACIO *contenait de très-courts chapitres intitulés :* Cy devise comme on prent le leup à force de chiens sans filet. Cy devise comment on prent les leus au buissonner *et* le temps que on le doit faire. *Plus laconique encore, Gaston Phœbus s'étendait assez longuement sur la nature du loup, ainsi que sur la manière de le prendre avec différents pièges ou*

---

1. Sainte-Palaye, *Mémoires de chevalerie*, t. III, p. 371.

*appâts; mais, en fait de chasse, le comte de Foix exposait seulement les principes de la chasse* au titre, *sorte de battue, ayant pour but de forcer le loup à se jeter dans une plaine, où de nombreuses laisses de lévriers le portaient presque immédiatement à terre*[1]. *Il était donc nécessaire qu'un maître expérimenté, passionné pour son art, vînt donner à la louveterie des règles sûres et précises qui lui manquaient. Ce maître, elle le trouva dans Jean de Clamorgan.*

*La famille du véritable fondateur de la louveterie française passait pour une des plus anciennes et des plus considérables de la Normandie. Ses armes étaient d'argent à l'aigle de sable et à la bordure de gueules. Gabriel du Moulin*[2], *au* Catalogue des seigneurs de Normandie et autres provinces de France, qui furent en la conqueste de Hiérusalem sous Robert Courte-heuze, duc de Normandie, et Godefroy de Bouillon, duc de Lorraine, *fait figurer, parmi les « bannerois ou porte-guidons normands », Thomas de Clamor-*

---

1. *La Chasse de Gaston Phœbus*, édit. de J. La Vallée, Paris, 1854, chap. X, LXIV, LXV, LXVI, LXVII, LXIX, LXX et LV. — *Titre*, artifice pour tuer le gibier, d'où le vieux verbe *attiltrer*, se poster, se cacher pour attendre le gibier ou l'ennemi que l'on veut surprendre. La Vallée, *Technologie cynégétique*, v° *Titre*.

2. *Histoire générale de la Normandie*, Rouen, Jean Osmont, 1631.

*gan. M. le baron Jérôme Pichon, dans sa savante* Notice généalogique *sur l'auteur de* LA CHASSE DU LOUP[1], *cite :* 1425, *Jacques de Clamorgan, verdier et sergent à gages du roi au bois de Montebourg.* — 1426-1448, *Thomas de Clamorgan, qui embrassa le parti des Anglais et fut, en* 1426, *chargé par eux de surveiller* l'édifiement du chastel de Harrefleu (*Harfleur*). — 1427-1430, *Colin de Clamorgan, sergent à gages du roi dans la forêt de Brotonne.* — 1429-1438, *Guillaume de Clamorgan, écuyer, servant*

1. *La Chasse du loup nécessaire à la maison rustique*, édition Ve Bouchard-Huzard, Paris, 1866, *notice généalogique* par le baron Jérôme Pichon. — Les armes des Clamorgan ont varié quant à quelques-unes de leurs dispositions. Dans certains sceaux, M. Pichon n'a point trouvé de bordure, tandis que sur d'autres il a vu cette même bordure besantée. *L'Extrait de la noblesse de Normandie avec les blasons peints*, 1666 (manuscrit de la Bibliothèque de l'Arsenal, nos 5031-32. 2 vol. in-fo, t. 1, fo 162), renferme la mention suivante : « Clamorgan porte d'argent à l'aigle de sable, bec et serres d'or, à la bordure de gueules. » Enfin on lit dans le *Nobiliaire* de Magny (t. I, p. 45) : « Deux branches de la famille de Clamorgan ont été maintenues en 1666 : l'une, dans l'élection de Valognes, possédant le fief de Carmesnil : armes d'argent, à l'aigle de sable, longué, bagné, membré d'or. La deuxième branche, dans l'élection de Carentan, possédant les fiefs de Gardèche et d'Angoville, portant d'argent, à l'aigle éployé de sable, longué, bagné, membré d'or, à la bordure de gueules. »

*sous le comte de Suffolk, comme capitaine de deux hommes d'armes et six hommes de trait. — 1448, Pierre de Clamorgan, fils de feu Jacques de Clamorgan, et dont Thomas, l'allié des Anglais, était le tuteur. — 1471, Robert de Clamorgan, capitaine de francs archers du bailliage d'Alençon. — 1487, Thierry de Clamorgan, maître d'hôtel du duc d'Alençon*[1]. — *1497, Robert de Clamorgan, archer de la garde du roi sous le capitaine Claude.*

*A ces noms il faut ajouter ceux indiqués par Montfault dans ses* RECHERCHES SUR LA NOBLESSE DE NORMANDIE[2] : « *Recherches de l'année 1474. — Élection de Bayeux : Étienne de Clamorgan, paroisse de Neaufles, sergenterie de Sainte-Clere. — Élection de Carentan : Guillaume de Clamorgan, paroisse d'Angouville, sergenterie de la Haye-du-Puits : messire Thomas de Clamorgan, de la paroisse de Saint-Pierre-Eglise, sergenterie du Val-de-Sere. — Rôle de l'échiquier de Normandie en*

---

1. René, duc d'Alençon, né en 1440, mort en 1492. — Le passage ci-après de La Chesnaye-Desbois (*Dictionnaire de la noblesse*, art. *Clamorgan*) doit se rapporter à Thierry de Clamorgan et à Thomas cité plus haut : « Thomas de Clamorgan, vicomte de Coutances et de Valognes, était frère de Thierry de Clamorgan, chevalier, vicomte de Montreuil et de Bernay, en 1491. »

2. Manuscrit des archives du département de l'Eure. P. 67, 140 et 154.

1474 : *Jean de Clamorgan, prestre, fils de Jean, vivant, chevalier, de la sergenterie de Beaumont.* » *Selon d'Hozier*[1], *Thomas de Clamorgan, désigné par Montfault, attesta, avec onze gentilshommes « des plus marqués et des plus distingués » de Normandie, les* 25, 26 *et* 27 *septembre* 1470, *que Michel Ler ou Loir, écuyer, seigneur du Quénay et de Helleville, « étoit noble et extrait de noble lignée, tant de père que de mère ». Dans les* RECHERCHES *de Montfault, on voit aussi, à la date du* 19 *juin* 1522 : « *Jean de Clamorgan*, *seigneur de* Saonne, *de la paroisse de Saint-Just, n'est pas comparu ; réside en Basse-Normandie.* »

*L'édition regardée comme la première de* LA CHASSE DU LOUP *porte le millésime de* 1566. *Au chapitre IV, l'auteur, après avoir parlé de sa meute qu'il déclare supérieure à toutes celles qui couraient alors le loup, ajoute :* « *Les gentilshommes mes voisins sçavent bien qu'il est vray, et que le plus souvent perdent de leurs chiens : ce qui ne m'est jamais advenu* depuis cinquante ans que je me suis meslé de faire la guerre aux loups. » *Pour commencer une telle guerre en* 1514 *ou* 1515, *l'intrépide veneur était nécessairement né vers la fin du* XV^e^ *siècle. Il avait le prénom de Jean et prenait le titre de seigneur de*

1. *Armorial général*, article *Loir du Lude*.

*Saane, fief de Haute-Normandie, souvent appelé* Saonne, *même dans des actes postérieurs à* 1636[1]. *La mention faite par Montfault en* 1522 *paraît donc s'appliquer à lui. Les documents manquent du reste complètement sur la vie du fondateur de la louveterie française. Les uns après les autres, les biographes ont répété le peu que nous en apprend la dédicace de son traité de vénerie.*

*Jean de Clamorgan entra dans la marine vers* 1515, *remplit avec succès, sous François Ier, Henri II et François II, « d'honorables charges*[2] *par mer.... l'espace de quarante-cinq ans*[3] *», et offrit au premier de ces souverains « une carte universelle, en forme de livre...., de la figure en plan de tout le monde*[4]. *» François Ier s'intéressait vivement à tout ce qui concernait la marine; aussi Sa Majesté ordonna-t-elle de placer le*

---

1. Saane-Saint-Just, dont dépend aujourd'hui l'ancien territoire de la seigneurie de Saane, est une commune du canton de Bacqueville et de l'arrondissement de Dieppe. Les registres et actes conservés dans ses archives ne remontent pas au delà de 1636. Ils ne fournissent aucun renseignement relatif à la famille de Clamorgan ; mais on trouve dans les plus anciens tantôt *Saane* et tantôt *Saonne*, peut-être appellation primitive du fief de l'auteur de *la Chasse du loup*.

2. *Charges*, missions, fonctions.

3. *La Chasse du loup*, p. 6.

4. *Ibid.*, p. 5.

*livre dans la bibliothèque du château de Fontainebleau* [1]. *L'ouvrage, manuscrit in-folio, n'était point une simple carte, mais un véritable atlas; car des auteurs des XVII<sup>e</sup> et XVIII<sup>e</sup> siècles le désignent de la manière suivante :*

*Philippi Labbei Biturici societatis Jesu presbyteri nova Bibliotheca manuscriptorum librorum...* (*Parisiis, Hénault*, 1653, *in-4°, p.* 336) : Cartes géographiques de Jean de Clamorgan, au roy François I<sup>er</sup>.

*Bibliotheca bibliothecarum manuscriptarum nova, autore Bernardo de Montfaucon* (*Parisiis, Briasson*, 1739, 2 *vol. in-f°; t. II, p.* 785) : *n°* 6815 (*ancien fonds de la Bibliothèque du Roi*), Cosmographie ou Cartes géographiques et hydrographiques, faites par Jean de Clamorgan, sieur de Saane, capitaine d'un des galions du Roi dans la mer du Ponant, et présentées au roi François I<sup>er</sup>, avec les figures des instruments, *n-f° maximo.*

*Capitaine d'un des galions du roi sous François I<sup>er</sup>, Clamorgan devint plus tard premier capitaine de la marine du Ponant* [2], *grade qui correspondrait aujourd'hui à celui de vice-amiral* [3].

1. *La Chasse du loup*, p. 5.

2. *Ponant*, de l'italien *ponente*, couchant, occident, ouest.

3. *La Chasse du loup*, éd. Bouchard-Huzard, *préface* du comte d'Houdetot.

*De nombreux voyages, les missions importantes dont il fut chargé, ne l'empêchaient pas toutefois d'aller souvent à la cour ou de fréquenter « les maisons des princes et des grands seigneurs[1] ».*

*Sa naissance ainsi que sa réputation de veneur émérite lui procuraient partout le meilleur accueil. Jean de Clamorgan parvint vraisemblablement à un âge très avancé: en effet, ayant plus de soixante ans, tandis qu'il écrivait son traité de chasse, il continuait encore, sans trêve ni merci, la guerre aux loups[2].*

*Tels sont les détails trop peu circonstanciés laissés par le seigneur de Saane sur sa longue existence. On regrette de ne pouvoir pénétrer plus avant dans la vie de ce gentilhomme marin, chasseur et homme de cour. Il semble que la personnalité assez originale de Clamorgan n'eût point perdu à apparaître dans toute sa réalité.*

*Durant les troubles civils du XVI^e siècle, les habitants de la Normandie souffrirent cruellement; le gentilhomme ne fut point épargné. Néanmoins, loin d'énumérer les pertes subies, il se contente de déplorer qu'on lui ait alors « pillé et desrobé quatorze chiens courans, des meilleurs de France, et huict grands levriers, tous faicts à la*

1. *La Chasse du loup*, p. 14 et 50.
2. *Ibid.*, p. 74.

*chasse du loup*[1] ». *Selon Lignéville*[2], *pour le veneur expert, donner un bon chien c'est donner « force traicts de sa science »; on comprend donc combien l'illustre louvetier put être contristé du larcin commis à son préjudice.*

*Clamorgan, rappelant un proverbe du temps, dit que « l'homme de guerre doit avoir trois choses en luy : assaut de levrier, fuite de loup et defense de sanglier. Car l'homme de guerre doit assaillir aussi hardiment que fait un bon levrier, qui prend et assault tout ce qu'on luy monstre; s'il luy est besoin se retirer, faut qu'il garde l'haleine de luy ou de son cheval; et s'il est tellement pressé de combattre qu'il n'en puisse eschapper, faut s'acculer contre maison, haye, ou fossé, ou buisson, et là soustenir l'assault, et cependant adviser de grande hardiesse à tuer quelqu'un de ceux qui l'assaillent et passer à travers d'eux*[3]. » *Dans ces quelques lignes, le premier capitaine de la marine du Ponant paraît avoir tracé son portrait. L'absence de renseignements ne permet pas de constater la fidélité du peintre; en revanche* LA CHASSE DU LOUP *montre bien le seigneur de*

1. *La Chasse du loup*, p. 50-51.
2. Jean de Lignéville, *la Meute et vênerie pour lièvre*, éd. de H. Michelant, Paris, Aubry, 1865, p. 121.
3. *La Chasse du loup*, p. 59-60.

*Saane comme un digne contemporain de du Fouilloux.*

*L'ouvrage fut dédié à Charles IX. Le second fils de Henri II, en se plaisant à entendre le récit des nombreux laisser-courre de Clamorgan, avait été l'inspirateur du nouveau traité cynégétique; aussi l'épître au roi commence-t-elle ainsi : « Il y a trois ans, Sire, qu'estant à Saint-Germain en Laye, il pleut à Vostre Majesté me faire cest honneur de me parler par plusieurs fois.... de la maniere que je tenois à courir les loups; et en un jour me fistes la demande, quel ordre je donnois quand le loup estoit près des levriers, vous plaignant que l'un de vos bons levriers en avoit esté blessé, qui m'a donné à cognoistre, Sire, le desir qu'avez d'entendre la chasse des loups, qui est certainement l'une des plus belles chasses de toutes les autres. »*

*L'édition princeps de* LA CHASSE DU LOUP, *comme on l'a vu plus haut, porte la date de* 1566. *Les entretiens avec le roi, auxquels Clamorgan fait allusion, eurent en conséquence lieu vers* 1562 *ou* 1563. *Charles IX, né le* 27 *juin* 1550, *était à cette époque âgé de douze ou treize ans et courait déjà le loup. Une semblable précocité ne saurait surprendre. D'après Papyre Masson* [1], *le*

---

1. *Histoire de Charles IX.*

*deuxième petit-fils du roi* père des veneurs « *s'adonna, dès sa jeunesse, si fort à la chasse qu'on peut dire qu'il estoit fol de ce pénible exercice, qui le rendoit errant nuit et jour dans les forests, jusqu'à en perdre le boire et le manger, aussy bien que le repos du sommeil, pour satisfaire sa passion.* »

LA CHASSE DU LOUP *obtint un véritable succès; il serait difficile d'énumérer toutes les éditions qui se succédèrent. M. le baron J. Pichon en compte vingt-huit qu'il a pu voir, plus six autres indiquées dans divers ouvrages ou catalogues*[1]. *On n'a pas encore découvert pourquoi ces éditions, ornées de gravures sur bois, étaient constamment jointes à celles de* LA MAISON RUSTIQUE *de Charles Estienne et Jean Liébault. Beaucoup furent détachées depuis, et les amateurs de beaux livres les rencontrent ainsi parfois.*

*Le même ouvrage a été souvent annexé à* LA VÉNERIE *de du Fouilloux, notamment dans l'édition de 1585*[2], *faite par Jean de Sansicquet, gen-*

1. *La Chasse du loup*, éd. Bouchard-Huzard, *notice bibliographique*.

2. Paris, Félix Le Mangnier. — Les éditions de *la Vénerie*, qui contiennent aussi *la Chasse du loup*, sont celles de 1601, 1606, 1614, 1621, 1624, 1628, 1635, 1640 et 1650.

*tilhomme poitevin, parent et ami de du Fouilloux*[1]. *Mais alors le nom de Clamorgan, ainsi que la dédicace, se trouvent supprimés ; les deux premiers chapitres, tronqués, en forment un seul; enfin le traité du veneur est présenté comme inédit. Cette réunion amena bientôt une confusion dans l'esprit de certains auteurs moins bibliophiles qu'experts en matière de laisser-courre. Robert de Salnove invoque le témoignage du maître poitevin à propos de la chasse du loup*[2], *et Le Verrier de La Conterie, s'occupant du même sujet, dit : « C'est à* MONSIEUR FOUILLOUX *à qui nous devons l'invention des rets et lassières*[3]. »

LA VÉNERIE *comprend uniquement les chasses du cerf, du sanglier, du lièvre, du renard et du blaireau. A l'âge de vingt ans, du Fouilloux « mussé*[4] *dans des espines », regardait danser des bergères sur les bords de la Viette, en Gastine*[5],

---

1. *La Vénerie* de Jacques du Fouilloux, Niort, Robin et Favre, 1864, *biographie de J. du Fouilloux* par Pressac, p. 38 et suiv.

2. *La Vénerie royale*, Paris, Antoine de Sommaville, 1665, p. 239, 244 et 247.

3. *L'École de la chasse aux chiens courans*, Rouen, Nicolas et Richard Lallemant, 1763, p. 249.

4. *Mussé*, caché.

5. Petit pays du haut Poitou, faisant aujourd'hui partie du département des Deux-Sèvres et dont Parthenay était la capitale.

*lorsqu'un loup ravit une brebis. Les bergères poussèrent de grands cris; le jeune veneur, effrayé, avoue-t-il, voulut s'enfuir. Par malheur, les mâtins gardiens des troupeaux, apercevant sa robe de « bonnes peaux de loups », lui coupèrent la retraite. Leurs dents entamèrent le malencontreux vêtement, voire même quelque peu le dessous; du Fouilloux appela au secours. Une des bergères vint le délivrer, en écartant avec sa quenouille les terribles agresseurs. De là naquit entre le gai gentilhomme et la « gentille fillette »*

Une tant douce et tant loyale amour
Qui a duré mainte année et maint jour[1].

*Peut-être du Fouilloux, loin de garder rancune aux loups, conserva-t-il de l'aventure trop bon souvenir pour vouloir jamais les attaquer.*

La Chasse du loup *a été traduite en allemand et en italien avec* la Maison rustique. *Une version manuscrite, allemande, de l'œuvre seule de Clamorgan existe à la Bibliothèque royale de Dresde. Désignée sous le n° 3 mscr. Dresde B, 148, elle porte le titre suivant :*

La Chasse du loup, par Jean de Clamorgan, seigneur de Saane, premier capitaine de mer en France, contenant la nature et les habitudes du

1. Du Fouilloux, *l'Adolescence.*

loup, ainsi que la manière de le traquer avec le chien, de l'entourer et de le prendre par devant. Il y est également dit comment il est à prendre et tuer par chiens de chasse et de courre, filets, fosses et pièges. Item, proverbes nouveaux de toutes sortes de chasses, et comment il faut parler en vénerie. *En vers, par J. W.* [1].

*Ce manuscrit, in-folio de 76 feuilles, est orné de huit jolis dessins enluminés, reproduisant plus ou moins fidèlement les gravures de l'édition de 1574 (Paris, Jacques du Puys). En tête se trouve une épître à Louis, duc de Wurtemberg et de Teck, datée de Mündelsheim, le 24 décembre 1580, signée Jean Wolff (Le Loup), conseiller du margrave, bailli de Mündelsheim.*

*Quarante-quatre ans après, en 1624, Pierre Habert, écuyer, seigneur d'Orgemont, médecin ordinaire de Monsieur, frère de Louis XIII, publia, sans nom de lieu ni d'éditeur,* LA CHASSE DU LOUP,

---

1. Von der wolffs jagt. Johan von Clamorgan, herr zu Saane, oberhauptmann uff der see in Frankreich. In welcher begriffen ist die natur undt aigenschafft des wolffs, auch welcher gestalt demselben mit dem laidthůdt vorgesucht, einkraist, furgriffen, verbrochen. Er bestetet auch mit jag-und hetzhunden, garnen, gruben undt fallen gefangen, undt erlegt werden soll. — Item neuwe waidtschprüch von allerlay waidtwerck artig, undt wie sich gebürt zu reden reimens weiss zusamen verfast, durch J. W.

*poème dédié au comte de La Rocheguyon, grand louvetier de France* [1]. *Le médecin de Gaston d'Orléans tournait assez galamment le vers. Les huit cent cinquante qui forment son œuvre se lisent facilement et offrent un certain attrait; mais leur auteur, peu content de s'inspirer de Clamorgan, le suit trop souvent servilement. Le poème constitue une imitation rien moins que déguisée du traité du veneur. M. de La Rocheguyon reconnut-il cette supercherie littéraire? On ne sait. En tout cas le grand louvetier de France courait rarement les loups; car Habert lui dit:*

Comte, qui n'eus jamais en grace de pareil,
Dont la vertu combat en clarté le soleil,
Riche de mille honneurs, de mérite et de gloire,

---

1. Habert avait déjà donné, en 1599, *la Chasse du lièvre avec les lévriers* (*Biographie Michaud*, art. *Habert* (François), in fine). — Le poème de *la Chasse du loup* a été réimprimé, en 1866, par L. Bouchard-Huzard. — François de Silly, comte, puis duc de La Rocheguyon, damoiseau de Commercy, marquis de Guercheville, fait chevalier des ordres du roi dans le courant de l'année 1619, obtint la charge de grand louvetier de France après la mort de Robert du Harlay, baron de Montglat (1615). Ses lettres de nomination furent publiées à la table de marbre le 4 avril 1616. M. de La Rocheguyon resta grand louvetier jusqu'au 19 janvier 1628, jour où il mourut pendant le siège de La Rochelle. (Le P. Anselme, *Histoire généalogique et chronologique de la Maison royale de France*, t. VIII, p. 805.)

Qui te plais *quelquefois* d'emporter la victoire
Sur ces fiers animaux, *exerçant par raison*
*Ton corps et ton esprit en temps et en saison,*
Reçoy d'un œil benin et d'un accueil propice
Mes vers, mes vœux, mon cœur et mon humble service [1].

*La dernière édition de* LA CHASSE DU LOUP *de Jean de Clamorgan sortit, en 1866, des presses de Mme Ve Bouchard-Huzard. Le luxe des caractères, la reproduction très exacte des anciens bois qui accompagnaient les précédentes, une préface du comte d'Houdetot, des notices biographique et bibliographique de M. le baron Pichon, une étude sur les diverses éditions de* LA MAISON RUSTIQUE *par Louis Bouchard-Huzard, en font un livre se recommandant aussi bien aux bibliophiles qu'aux disciples de Saint-Hubert. Malheureusement, le nombre restreint des exemplaires (150 sur papier vergé et 6 sur peau de vélin) rendit rapidement cette perle typographique trop rare.*

*Présenter à nouveau* LA CHASSE DU LOUP *dans* LE CABINET DE VÉNERIE *ne saurait donc être considéré comme une tâche dépourvue d'utilité. Le texte de 1583 (Lyon, pour Jacques du Puys), peu différent de celui des éditions antérieures, mais plus correct à certains égards, a paru mériter la préférence. M. Jouaust le donne très scrupuleuse-*

---

1. Habert, *la Chasse du loup*, éd. Bouchard-Huzard, p. 10.

*ment, sauf quelques modifications de ponctuation permettant de mieux saisir la pensée de l'auteur.*

*Homme de cour, marin distingué, géographe savant, dessinateur habile, Jean de Clamorgan était encore un érudit. Il lisait volontiers Homère, Aristote, Pline, Virgile, Térence, ainsi que les écrivains des XV^e^ et XVI^e^ siècles qui s'occupèrent d'histoire naturelle. Les deux premiers chapitres de son traité cynégétique renferment des citations excessivement nombreuses, fruit de patientes recherches, manquant néanmoins quelquefois d'exactitude. Entraîné par le désir de réunir tout ce qui avait été dit sur le loup, le célèbre veneur ne prit pas toujours assez de soin pour classer les documents péniblement amassés; aussi prête-t-il à Aristote ou à Pline certaines assertions n'émanant point des deux grands naturalistes de l'antiquité. Sa longue expérience eût dû en outre lui faire dédaigner de véritables fables. On s'étonne de le voir affirmer que « dedans les roignons d'un vieil loup s'engendrent et nourrissent des serpents » qui, « par succession de temps, font mourir l'animal et deviennent bestes fort venimeuses [1] ». L'énumération des remèdes provenant « des parties et excrémens du loup [2] » surprend non moins. Le*

1. *La Chasse du loup*, p. 21.
2. *Ibid.*, p. 32 et suiv.

*Verrier de La Conterie la reproduisait encore, il est vrai, deux siècles après, toutefois avec quelque scepticisme. L'auteur de l'*École de la chasse aux chiens courans *dit en effet : « La médecine, qui dans son obscurité sçait faire usage de tout, puise dans le loup, tout mauvais qu'il est, des remèdes qu'elle prétend excellens*[1]. »

*Avec le chapitre III de* la Chasse du loup *commence seulement l'exposé des principes cynégétiques. L'érudit fait alors place au veneur ; celui-ci, dégagé du souci d'accumuler citations sur citations, trace, le plus ordinairement en un style clair, net, précis, les règles fondamentales de son art.*

*Clamorgan traita de main de maître « la manière de façonner les chiens, tant limiers que courans... », comme il faut « aller en queste et faire le buisson pour la chasse du loup ». Les règles émises par lui sur ces différents points conservent donc aujourd'hui toute leur utilité pratique. D'autres, relatives à des modes de chasse inusités maintenant, sont sans objet; mais elles*

1. *L'École de la chasse aux chiens courans, la Chasse du loup*, chap. Ier. — Le Verrier de La Conterie naquit à Saint-Brice (Orne), en 1718, et mourut à Amigny (Manche), en 1783. La première édition de son ouvrage est de 1763 ; elle a été imprimée à Rouen par les frères Lallemant.

*offrent un intérêt historique. Le chapitre « Comment on doit prendre les loups avec les levriers*[1] » *complète notamment ce que Gaston Phœbus avait dit de la chasse* AU TITRE[2], *déduit peu fatigant, très goûté jadis des grands personnages.*

*Selon* le roy Modus, « *qui veut prendre leup à force de chiens, si ne chace mie vieil leup ;..... car le vieil leup ne doubte pas les chiens, ains les attend et fuit à son aise*[3]. » *Le seigneur de Saane connaissait ce précepte passé depuis longtemps à l'état d'adage. Les chapitres VII et VIII de son livre indiquent de quelle manière, avant de découpler sur un vieux loup, il entourait l'enceinte d'hommes, de chiens et de filets, afin d'empêcher l'animal de débucher ou de se forlonger. Malgré les assertions du maître, pour quiconque sait avec quelle facilité, en battue, des loups forcent les lignes de traqueurs l'efficacité du procédé semblera quelque peu contestable.*

*La complaisance par trop marquée, avec laquelle Clamorgan rappelle ses incessants exploits, permettrait encore de douter de leur authenticité; mais aux chefs d'équipages courant les loups ap-*

---

1. Chapitre IX.
2. *La Chasse de Gaston Phœbus,* chap. LV.
3. *Le Livre du roy Modus... Cy devise comme on prent le leup à force de chiens sans filet.*

*partient seulement le droit de dire si le veneur du XVI^e siècle put détruire autant de ces rusés carnassiers qu'il l'affirme.*

ERNEST JULLIEN,

Vice-président du tribunal civil de Reims.

Saint-Thierry, 30 octobre 1880.

LA

# CHASSE DV LOVP NECESSAIRE A LA MAISON RVSTIQVE

Par Jean de Clamorgan, Seigneur de Saane, premier Capitaine de la Marine de Ponant.

*

*En laquelle est contenue la nature des Loups, et la maniere de les prendre, tant par chiens, filets, pieges, qu'autres instruments.*

Au Roy Charles IX.

A LYON,

POVR IAQVES DV PVYS.

M. D. LXXXIII

Avec Privilege du Roy.

Au Roy Charles neufieme, Jean de Clamorgan, Seigneur de Saane, premier Capitaine de la marine de Ponant, desire toute paix et grandeur, tant en sa personne qu'en sa gloire et majesté.

*Il y a trois ans, Sire, qu'estant à S.-Germain en Laye, il pleut à Vostre Majesté me faire cest honneur de me parler par plusieurs fois, tant en vostre chambre qu'ailleurs, de la maniere que je tenois à courir les Loups; et en un jour me fistes la demande quel ordre je donnois quand le Loup estoit prés des Levriers, vous plaignant que l'un de vos bons Levriers en avoit esté blessé; qui m'a donné à cognoistre, Sire, le desir qu'avez d'entendre la chasse des Loups, qui est certainement l'une des plus belles chasses de toutes les autres, tant en ce que les jeunes Princes et grands Seigneurs se peuvent, eux et leurs chevaux, exercer en ladite chasse, afin que puis aprés ils en soyent rendus plus dextres et adroicts, qu'aussi par ceste chasse on delivre le païs de telles bestes mauvaises et pernicieuses, qui, entre autres incommodités, ravissent aux Rois et Princes les faons des bestes fauves, biches et cerfs, les petits cochons sous la laye, les chevreuils, mesmes aux haras la belle jument pleine, ou bien quelque beau poulain, et aux povres gens leurs vaches, moutons et menu bestail, et, qui plus est, les jeunes enfans, voire bien souvent les grands : estant telle chose aucune fois permise de l'ire et courroux de Dieu envers les hommes, comme il est escrit au Vieil Testament que, quand ils garderont ses commandements, il les delivrera de toutes sortes de mauvaises bestes. Outre cela, Sire, voyant en vous reluire la vertu et la magnanimité de vos predecesseurs, et principalement de ce grand et magnanime Roy, le grand Roy François, vostre ayeul, amateur et restaura-*

*teur des Sciences, comme un scion sortant d'une si bonne racine, ay prins la hardiesse devant Vostre Majesté faire un brief discours de la chasse des Loups, et en escrire ce qu'en ay apprins et experimenté, estimant bien que ne le trouverez mauvais, non plus que fit ce bon et vertueux Roy, ce grand Roy François, qui receut de bon œil quelque chose du peu de sçavoir qui est en moy, alors que je luy presentay une Carte universelle, en forme de livre, sus un poinct non accoustumé de la figure en plan de tout le monde, où estoyent les mers et terres assises en longitude et latitude : car, par une seule face, ne se peut demonstrer ne faire sans grandes fautes. Et commanda mondit livre estre mis en sa librairie de Fontainebleau, là où il est pour le voir par vous, quand il plaira à Vostre Majesté. Voilà, Sire, les occasions principales qui m'ont incité à faire ce petit traicté de la chasse du Loup : joinct que je ne cognois personne qui en ayt traicté, et que d'aucuns possible seront incités d'en escrire mieux et plus au long. A quoy j'ay vaqué d'autant plus volontairement que me suis veu un peu à loisir, et moins empesché aux affaires de la marine, esquelles j'ay employé mes jeunes ans pour le service des feux Rois, le grand Roy François, Henry vostre pere, et François vostre frere, sous lesquels j'ay soustenu d'honnorables charges par mer, et d'icelles j'ay eu (avec l'aide de Dieu) bonne issue, pour leur service, l'espace de quarante-cinq ans qu'ay exercé l'estat et charge de la marine. De laquelle ayant quelque relasche, je me suis adonné à faire la guerre aux Loups, laquelle chacun sçait et a cogneu comme je l'ay exercée : de façon qu'estant fort bien experimenté en icelle, j'en puis parler et escrire hardiment, laissant, ce neantmoins, la puissance aux autres de faire mieux. Mais tant y a qu'il sera plus aisé à aucuns de blasmer ce mien petit labeur que de l'amender. Et esperant, Sire, qu'y prendrez plaisir, le vous ay bien voulu presenter, attendant un autre eschantillon qu'à l'aide de Dieu je dresseray de la façon et maniere de construire les grands navires, les armer et victuailler; dresser le combat par mer, faire les navigations lointaines par le Soleil, Lune et Estoiles fixes, autrement qu'on n'a accoustumé. Car, voyant le beau commencement que continuez de descouvrir la Nouvelle Terre Françoise, Canada, Ochelaga, et la Sagueve, sera baillé moyen plus aisé à tous de faire ladite navigation. Et là on verra se nourrir tant d'hommes en cest Estat pour vostre service qu'il n'y aura Royaume qui en ayt plus, ny si bons. Aussi, pour ce faire, avez toutes commodités, comme bois, fer, force victuailles de vins, farines, chairs et poissons, plus qu'en autres païs, et toutes choses à ce fort necessaires. Chose fort odieuse à nos voisins, mais il faut bien qu'ils se contentent de ce qu'ils ont voulu tout embrasser, jusques à vouloir faire partage de toute la machine du monde, et ne laisser aux François aucune chose pour leur part. Mais on sçait assez comme ils se sont conduits à y faire congnoistre Dieu; et congnoistront cy aprés que sous vous les François se sont resveillés, qui ont par trop esté negligens et endormis. Qui sera à la gloire de ce bon Dieu, createur de tout le monde, lequel je prie donner à vous, Sire, abondance de sa grace, avec toute augmentation de vostre honneur et majesté.*

# LA CHASSE DU LOUP

## CHAPITRE I

*Du Loup et de sa nature.*

Les habitans d'Asie, d'Afrique et Europe congnoissent assez combien mauvaise et cruelle beste est le loup, pour les grands torts et dommages qu'ils en reçoyvent, tant eux, leurs enfans, que mesme leur bestail, volaille, et toutes autres telles nourritures. De mesme façon en sont tormentés les habitans de l'Amerique, appellée Bresil, les Antilles, Florides, et la Terre Françoise,

Canada, Ochelaga, la Sagueve, et Terres Neuves, la Suesse, Norvegue, et autres païs Orientaux et Occidentaux. Or, encore qu'il y ayt peu de gens qui ne congnoissent les loups et n'en ayent veu, reservé les Isles d'Angleterre et Escosse, je n'ay pourtant voulu obmettre à descrire la forme, mœurs, nature et difference des loups. Le loup donc est une beste ayant le poil gris, meslé de noir, blanchastre sous le ventre, la teste grosse, armée de dents grosses et longues, d'aureilles courtes et droites, dont est sorti le proverbe : *Je tiens le loup par les aureilles,* quand celuy qui parle est en doute de ce qu'il doit faire. Pline, auteur singulier et fort renommé, au livre VII, chap. 22, de son Histoire naturelle, dit que la veuë du loup est fort mauvaise et dangereuse, et que, s'il void un homme avant que l'homme le voye, il luy oste la voix pour l'heure. Item que les loups d'Afrique sont petits, mais és regions froides sont grands, aspres et plus cruels. Ce que confirme Olaus Magnus, archevesque d'Usphalle en Gotthie, au livre XVIII, chap. 13, de l'Histoire qu'il a faicte des gens, bestes et oiseaux des regions septentrionales, disant que Pline a parlé à la verité des loups, et que leur cruauté et malice se monstre et se manifeste plus en janvier, quand il vont aprés la louve, estans en chaleur; mesme que durant les grandes froidures ils s'assemblent en grand nombre, qui les rend plus hardis et cruels, mettans les habitans des regions froides en telle peine qu'ils n'oseroyent aller seuls et sans estre bien embastonnés et armés de bonnes arbalestres et harquebuses; et surtout qu'ils aiment à courir sus aux femmes grosses d'enfans pour les devorer.

Il y a encore une autre sorte de loups, appellés loups cerviers, comme dit Pline, dont les princes et seigneurs portent des fourrures, lesquels s'ils ont prins une beste, et en la mangeant, ils levent la teste pour regarder ailleurs, ils oublient leur proye et la laissent là pour en chercher d'autre. Le mesme auteur, au chap. trente-quatrieme dudit livre, escrit d'une autre sorte de loups, nommés Thoës, qui sont plus longs de corps, ayans les cuisses et jambes plus courtes que les autres loups, qui sautent de grand'vistesse, vivent de venaison, et ne font aucun mal aux hommes, sont fort velus, en hiver et en esté, de poil roux.

Aristote, prince des philosophes, aux livres qu'il a faicts de l'Histoire des Bestes, et des parties et generation d'icelles, dit en son v^e^ livre, chap. 2, que les loups s'attachent à la louve comme font les chiens, et au 11^e^ livre, premier chapitre, escrit qu'ils ont le membre genital comme un os, comme aussi a le cerf, le renard, la mustelle, appellée belette. Il dit plus au livre sixieme, chap. 45, que les louves portent et font leurs petits comme les chiennes, et en mesme distance de temps et de jours, ne voyans aucunement, comme les petits chiens; et que les louves conçoyvent et sont empreintes en certain temps de l'an, qui est au mois de janvier, ou pour le plus tard au commencement de fevrier, et font leurs petits au commencement de l'esté, environ le mois de may; et que lors qu'ils suyvent la louve chaude sont fort cruels. Ledit Aristote dit d'avantage, au huictieme livre, chap. vingt-huict, qu'au païs des Cyreniens les loups se joignent et couvrent les chiennes, comme en Grece les chiens du païs de Lacedemone se couplent avec les tigres. Item, au premier livre, chap 1, il escrit que entre les bestes il y en a qui sont aisées à apprivoiser, les autres non, comme la panthere et le loup, qui sont bestes farouches, cauteleuses et fines pour tromper et prendre les autres animaux. Il a escrit aussi, au huictieme livre, chap. cinquieme, de la façon de vivre du loup; que les loups se nourrissent de chair, horsmis que s'ils ont faim ils mangent la terre : qui est une opinion que l'on a euë d'iceux, les voyans aux champs defouir du carnage qu'ils avoyent là enterré et enfoui, aprés avoir esté saoulés, pour leur servir au temps qu'ils ne pourroyent avoir nouvelle proye. Comme à certain jour moy allant à la Cour, passant par la forest de Sainct-Germain, j'apperceu un pied de cerf qui estoit hors du sable, lequel je feis tirer, et en eus une espaule entiere, qui avoit esté mise en terre la nuict precedente.

Et prennent les loups, estans malades, aucunes fois de l'herbe, comme font les chiens, pour se faire vomir et lascher le ventre. Leur coustume est d'assaillir les hommes paresseux et pusillanimes allans seuls, beaucoup plustot que les veneurs. Et ledit Aristote, au livre neufieme de l'Histoire des Bestes, chap. trente-six, mesmement Pline, au livre dixieme, chap. huictieme de son Histoire naturelle, recitent que prés des Palus Meotides, les loups sont familiers aux pescheurs, qui ont accoustumé leur donner part de leur pesche; et, s'ils y faillent, ils deschirent, la nuict, et rompent leurs rets. Au sixieme livre, chap. dix-huictieme, dit que les loups, au temps qu'ils suyvent en chaleur brutale la louve, sont fort mauvais et cruels aux autres qui y surviennent; toutesfois en autre temps n'ont accoustumé leur courir sus. Et puis bien icy dire, en passant, ce que moy mesme ay veu, qu'au temps qu'ils sont en amour avec la louve, en ay conté quelquesfois douze, qui s'estoyent tellement entrepillés et mors qu'aucuns alloyent saignans bien fort; et, par tout le chemin où il y avoit des mares et fanges, ceux qui estoyent blessés se vautroyent pour estancher leurs blessures, comme l'on peut penser, et trouvoit-on en l'eau abondance de sang.

Item ledit Aristote, au neufieme livre, chapitre premier, des bestes qui ont inimitié perpetuelle ensemble, dit que le loup est ennemi de l'asne, au taureau et au renard. Il escrit aussi, au second livre, chapitre dix-septieme, que tous animaux qui ont les machoires pleines de dents n'ont qu'un ventre : comme l'homme, le chien, le pourceau, l'ours, le lion et le loup. Le mesme auteur,. au quatrieme livre du Traicté qu'il a fait des parties des animaux et de leurs causes, chapitre dixieme, dit que les bestes qui ont les pieds fendus en doigts ou arteils ont cinq doigts aux pieds de devant et quatre aux pieds de derriere, comme les lions, les loups, les chiens et les pantheres; et que toute beste a le col flexible, fors le loup et le lion, qui l'ont tout d'un os, à raison de quoy ne le peuvent ployer : ce qui n'est vraysemblable, car j'en ay faict courir plusieurs esquels ay trouvé le col tout de vertebres comme à une autre beste. Vray est qu'ils ont le col fort gros, massif, nerveux et charnu; aussi est-ce une beste qui a grand'force au col : car, s'il prend un mouton par le milieu du corps, il le porte à sa gueule comme un levrier feroit un connil; et, s'il trouve un cheval ou vache morte dedans un creux de fosse, il le tirera hors pour le manger, là où le cheval bien attelé ne le pourroit pas enlever. Davantage, Aristote, au livre sixieme, trente-cinquieme chapitre, dit qu'il y a des loups canins, approchans de la nature des chiens, qui font leurs petits comme les autres loups, et ne voyent point long temps aprés qu'ils sont nais, et n'en font point davantage que quatre.

Les louves font ordinairement leurs petits en des forts taillis, halliers couverts et buissons espais, ou bien en quelque colline ou costaut plein d'herbes, qui regarde le midy, pour avoir la chaleur du soleil. Et souvent les font prés de quelque grande tayniere de blereaux, pour se sauver dedans si on leur fait tort et ennuy; et d'aventure, si la louve se sent pressée de gens ou de chiens, elle prend un de ses petits louveteaux en sa gueule, et l'emporte; et, n'estant point destroussée de ses petits, elle les allaicte jusqu'à ce qu'ils puissent manger. Et sont tousjours, ou le loup ou la louve, prés de leurs petits, et, alors qu'ils peuvent manger, l'un desdits loup ou louve va au pourchas, et, ayant trouvé ou pris quelque beste, leur en apporte, qu'il revomit devant les petits pour les nourrir. Et, estans grandelets comme chiens courans, leur pere et mere leur apportent quelque agneau vif, ou quelque oye, aucunesfois un petit chien vif, pour leur faire tuer et apprendre leur mestier; et jamais ne mangent la teste des chiens, ny la peau, et n'y a boucher ny escorcheur qui plus proprement escorche un mouton ou chien qu'ils font. Estans devenus plus grands, environ les mois d'aoust et septembre, le loup et la louve les commencent à mener aux champs, hors du buisson où ils auront esté nourris, et là attendent que leur pere et mere leur apportent quelque proye, vifve ou morte, sans trop eux esloigner de leur buisson. Et lors, aprés la pluye de la nuict ou du jour devant, on les peut voir sur les terres labourées ou sables. Davantage, environ les mois d'octobre et novembre, mesme longtemps aprés, les jeunes loups, estans chassés, entreprennent à sortir au cours, et là, avec les levriers ou rets, on les peut prendre; et venans jusqu'au mois de janvier, que les louves sont chaudes, les vieux loups pillent, mordent les jeunes loups, et les chassent de leur compagnie, mesme toute l'année, voulans lesdits vieux loups garder leur quartier et païs, qui contient prés de deux lieuës en rond, et n'en souffrent aucuns, qu'ils puissent, en leur païs: comme font plusieurs autres bestes, les cerfs, sangliers, chats, les vieux lievres et vieux connils, et mesme les oyseaux, comme les perdrix, corbeaux, hairons, corneilles, et assez d'autres. Et ay veu bien souvent, ayant pris six ou sept loups prés de ma maison et en mes bois, esquels j'estimois n'y en avoir plus, un mois aprés j'en trouvois d'autres. Aussi ce sont bestes de passage, qui viennent de loin, comme des forests d'Ardaine et autres grandes forests : car on tient pour certain que, par chacun an, il sort desdites forests, l'une année des cerfs, l'autre année des bestes noires, comme sangliers, l'autre des loups. Ce qui attire aussi quantité de loups en un païs, ce sont les guerres : car les loups suyvent un camp, pour les carnages qu'ils trouvent d'hommes morts, chevaux et autres bestiaux tués et occis. Et ceux qui se sont accoustumés à manger la chair d'homme, à grand'peine en veulent-ils manger d'autres; et, s'ils n'en trouvent de morts, courent sus à quelque jeune laquais, ou fille, mesme aux hommes mal accompagnés, et les mangent.

Il y a encore une autre chose qui n'a esté escrite par aucun, au moins que j'aye leu ou ouï dire, que dedans les roignons d'un vieil loup s'engendrent et nourrissent des serpens : ce que j'ay veu à trois, voire à quatre loups. Aucune fois à un loup y a en un roignon des serpens, l'un d'un pied, l'autre d'un pouce de long, les autres moindres, et par succession de temps font mourir le loup, et deviennent serpens et bestes fort venimeuses. Et n'est non plus estrange que de la vipere, de laquelle les petits rongent et mangent le ventre de leur mere, et la tuent, estans faicts par aprés viperes fort venimeuses. Aussi on void que la morsure du loup receuë au corps de quelque beste ne se peut guerir qu'à grand'peine, à raison d'un venin malin et pernicieux qui y est caché. Et pour ceste cause la plus grand part des bestes interessées et blessées en meurent, ou bien leurs membres et parties tombent toutes pourries, quelque soin qu'on y mette : dont j'ay eu plusieurs de mes levriers blessés prenans les loups, qui en sont morts, quelque remede que je leur aye peu faire.

Quant à l'astuce et finesse des loups, ils ont une coustume au soir de hurler, pour s'assembler tous ensemble. Cela faict, vont assaillir quelque haras de chevaux, et, s'ils peuvent, les font escarter pour se saisir de quelqu'un des poulains, qu'ils estranglent et mangent; autant en font-ils aux pasturages des bœufs et vaches. Et, si c'est en païs où il n'y ayt haras ny pasturages, ils viennent ès villages, de maison en maison, pour trouver quelque beste que le mauvais mesnager ou mesnagere n'auront enfermée le soir en l'estable; la prendront ou tueront, et mangeront, et, s'ils n'en trouvent point hors de l'estable, cerchent les retraites des pourceaux, des poules, oyes et autres volailles qui ne sont enfermées dans les maisons, rompent tout, et les prennent. Et, s'il y a moutons ou brebis en quelque estable, font ouverture en l'estable par derriere; et, s'ils entrent dedans, en tuent vingt ou quarante, et de la plus part n'en prennent que le sang, fors qu'à leur partement chacun emporte sa proye. Et, s'ils ne peuvent entrer, font un trou à la paroy, et par iceluy les moutons monstrent leurs testes ; et là les loups saisissent la teste, et tirent de telle force que souvent ils font passer tout le corps du mouton par ce trou ; à tout le moins ils en arrachent la teste. Et, és lieux où les moutons sont enclos en des parcs, les loups s'accompagnent, et vont assaillir les chiens de ces parcs avec telle ruse que l'un d'iceux se laisse approcher et atteindre des chiens, se retirant tousjours au loin pour escarter les chiens loin du parc. Cependant les loups se jettent de grande roideur contre les clayes du parc, et les font cheoir ; puis tous les moutons, esgarés et espartis çà et là, sont facilement prins et tués desdits loups, ou pour le moins ils en tirent quelques uns par dessous les clayes. Ils ont encore une autre façon de faire pour prendre les chiens : c'est qu'il y en a un ou deux qui guettent le long de la maison là où est le chien ; un autre attire le petit chien, qui l'abbaye, au plus loin de la maison, puis soudain il luy court sus : le chien, se cuidant sauver par la porte, ou dessous l'huis de la maison, est rencontré de ceux qui le guettoyent, et est prins et mangé. Ils ont bien aussi ceste industrie aux forests de courre les cerfs et faons de biche à relais, comme feroient chiens courans, chose assez cognuë de chacun ; voire se dresser eux mesmes, et mettre comme un cours de levriers guettans, et attendans à l'orée de la forest, cependant qu'un d'eux va chasser et accueillir lesdites bestes sauvages, qui sont és gaignages.

Berchotius, au Reductoire moral, tiltre des Animaux, dit que le loup est dit *lupus, quasi leonis pes :* c'est à dire ayant les pieds quasi du lion ; pource que, comme le lion a force et vertu en ses pieds, aussi, s'il jette sa patte et ses griffes sur quelque beste, c'est faict de sa vie. Isidore, en son livre douzieme, a escrit que le loup est une beste ravissante, qui appete fort le sang, et, par la rage et rapacité qu'elle a, tue toute beste qu'elle trouve. Aristote, en son livre des Animaux, fait mention qu'aux Indes il y a une espece et maniere de loups qui ont trois ordres de dents en la gueule, la face comme un homme, les pieds d'un lion, la queuë comme un scorpion, et la voix comme un homme, esclatante, ce neantmoins, et estonnante comme une trompette, vistes comme un cerf, fort cruels, qui tuent les hommes et les mangent. Isidore escrit aussi, suyvant le dire des rustiques et laboureurs, que, si le loup void l'homme avant qu'il le voye, il lui oste la voix, parce que de son haleine maligne il infecte l'air, lequel, ainsi infecté, infecte aussi l'inspiration de l'homme prochain et contigu de ladite beste, et le prive de sa voix : de quoy parle Virgilc, en ses Bucoliques, *Lupi Mœrim videre priores,* dont est sorti ce proverbe commun, *Lupus est in fabula :* c'est à dire quand'on parle de quelqu'un, et lequel à l'instant survient, celuy qui parloit se taist, comme si le survenant luy ostoit la voix et la parole. Dit davantage iceluy Isidore que, si le loup est veu de l'homme le premier, qu'il perd beaucoup de sa ferocité. Adjouste encore que les loups et louves ne sont en chaleur que l'espace de douze jours, durant lequel temps ils soustiennent la faim en jeusnant, sans aucunement manger; mais aprés ces longues jeunes, ils mangent avidement et devorent. Le mesme auteur raconte que le loup aime fort se plaisanter, et pour ceste raison il desrobe et ravit quelquesfois un enfant, avec lequel se joue long espace de temps, mais à la fin il tue le petit enfant avec lequel il s'est joué.

Dit davantage que, si on fait un accoustrement ou robbe de laine d'une brebis ou mouton que le loup aura tué, ou bien que la laine de la beste tuée par un loup soit meslée parmi d'autre laine de laquelle en soit faicte une robbe, que ceste robbe ou accoustrement sera pouilleux ou infecté de vermine.

Aristote, entre les choses cy devant escrites, dit que les loups et toutes les autres bestes acharnées et mangeans chair sont beaucoup plus cruelles et dangereuses lors qu'ils ont des petits que devant. Iceluy mesme, au livre huictieme, chapitre cinq, dit que le loup mange les chairs crues, et que peu souvent, et sinon par grande faim, il mange de l'herbe, si d'aventure il n'est malade : car alors, se sentant trop plein, cerche et mange une sorte d'herbe, afin de vomir ce qu'il a mangé. Au mesme lieu, Aristote recite que, quand le loup sent que ses dents sont rebouchées ou agassées de trop manger ou rompre des os des bestes qu'il a devorées, il sort de sa caverne, et a coustume de mascher de l'origan, afin d'aiguiser ses dents. Dit aussi que le loup, quand il commence à avoir faim, mange en telle façon et si asprement qu'il perd incontinent la faim; mais alors il est grandement malade, et pour ceste cause il se tient longtemps à repos, et desire se jouer aprés estre saoul, ou bien dormir et soy reposer. La nature des loups, ainsi que recite ledit Aristote, est totalement contraire à la nature des brebis, dont on lit que, si une corde faicte des boyaux d'un loup estoit mise en violon ou quiterne meslée avec des cordes faictes des boyaux de brebis ou moutons, celles de brebis seroyent petit à petit rongées et destruites par la corde faicte des boyaux du loup.

Homere, prince des poëtes grecs, parlant du loup, dit qu'il est merveilleusement vigilant, et que rien plus il ne craint que le feu; et que, quand on jette des pierres contre luy, il a bien ceste astuce de regarder et observer d'un œil assez furieux celuy qui premier aura jetté la pierre : de façon que, si la pierre l'a offensé, il tue celuy qui l'aura jettée; et, si elle ne l'a offensé, il ne blesse que bien peu l'homme qui l'aura jettée, ains, comme estant quelque peu courroucé, il le corrige et le laisse aller. Les loups en vieillesse sont pires aux hommes, selon Homere; et tant plus ils vieillissent, tant plus sont-ils dangereux : car, d'autant qu'ils ne peuvent chasser aux autres bestes, à raison que la force leur defaut, ils dressent embusches aux hommes et les ravissent, s'ils peuvent, et les mangent.

Iceluy mesme auteur recite que, quand les loups sont vieux, la poincte de leurs dents et la sommité de leurs ongles s'accourcit tellement que les dents et ongles se debilitent et rebouschent, sans avoir que bien peu de vertu; et en cest estat et vieillesse ils vivent par longue espace de temps.

Solinus dit que la vieillesse du loup est

cognue par les dents, parce qu'en vieillesse elles sont plus serrées; et qu'entre les loups, ceux qui sont de poil plus droit et herissonné sont de courage plus audacieux et severe; outre cela, que les interieures parties du loup sont merveilleusement debiles et reçoyvent facilement corruption, et que les parties exterieures sont fort dures et endurent grand nombre de coups. Pline, au livre onzieme de son Histoire naturelle, dit que les yeux d'une chevre et d'un loup esclairent et rendent lumiere de nuict, comme esclairent chandelles : c'est pourquoy les chiens ne l'osent chasser la nuict venue. Il dit aussi, au mesme chapitre, que la grande dent dextre du loup a plusieurs vertus et singularités. Et, au livre vingt et unieme, chapitre dixieme, escrit que la teste du loup envieillie et pendue aux portes des maisons sert pour resister à tous chermes et empoisonnements; la peau du col pareillement, et de la teste. Au surplus, ceste beste est de telle vertu que, si un cheval marche sur le pas du loup, il en devient pesant et paresseux.

# CHAPITRE II

*Des remedes que l'on peut tirer des parties et excremens du Loup.*

PLINE, au livre vingt-cinquieme de son Histoire naturelle, chapitre onziesme, dit que le liniment des excremens du loup proffite grandement aux yeux malades, et la cendre d'iceux meslée avec miel vaut contre les defluxions des yeux chassieux ou pleurans; la graisse du loup est aussi singuliere pour les en frotter. Les medecins, tant anciens que modernes, prisent beaucoup la graisse et axonge du loup; ils ne font moins de cas de son foye deseiché et mis en poudre, puis beu en petite quantité avec vin tiede ou moust, pour les touxineterées et foye interessé.

Pline fait aussi mention, au vingt-cinquieme livre de son Histoire, que la pouldre de la teste d'un loup guarit la douleur des dents, mesme qu'aux excremens ou laisses des loups se trouvent des os, lesquels, appliqués aux dents, ont pareille vertu. Au 14e chap. dudit livre, il escrit que le fiel du loup meslé avec la graine de concombre sauvage, ou avec le jus d'icelle, que les medecins appellent communement Elaterium, et lié sur le nombril de la personne, luy lasche le ventre, et que les os qu'on trouve dans la fiente du loup, qui n'auront point touché à terre, guarissent de la colique, liés et attachés au bras. Et, au chapitre seizieme dudit livre, escrit que l'huile dans laquelle un loup ou renard aura esté mis tout vif, et tellement bouilli que la chair se puisse separer des os, est un remede singulier pour la goutte; et que l'œil dextre du

5

loup, salé et lié au bras, guarit les fievres. Dit davantage, au chapitre dix-huict, que le sein du loup emollit la matrice et la dureté du foye, et en oste la douleur. Mesmes que, si une femme en travail d'enfant mange de la chair du loup, ou bien que quelqu'un qui en aura mangé s'approche d'elle lors qu'elle commencera à sentir le mal, cela luy donnera grand allegement. Les dents du loup, liées sur l'enfant, luy ostent la peur qu'il a en dormant et servent beaucoup à lui faire venir les dents. Aussi nous voyons que les Parisiens, pour cest effect, ont coustume de pendre au col de leurs petits enfans nouveaux nés des petits jouëts qu'ils appellent hochets, faicts d'argent, dans lesquels est emmanchée une grande dent de loup, afin que les petits enfans, se joüans et portans ce hochet en leur bouche, en frottent leurs gencives : qui est cause que leurs dents sortent plus facilement et avec moins de douleur.

La peau du loup a mesme vertu, de laquelle aussi on se sert à fourrer manteaux, afin d'estre preservé de poux, punaises et autres vermines : car telles bestiolles fuyent la peau du loup comme le feu; et si les chiens approchent d'elle, ne faudront à pisser dessus.

Si quelqu'un met quelque morceau de carnage ou peau de loup nouvellement pris et tué dedans l'estable aux moutons ou brebis, les brebis ou moutons ne mangeront jamais, et mourront plustost de faim. Les grandes dents du loup, attachées et liées aux chevaux, les gardent de se lasser. Faut aussi remarquer une chose de laquelle parle Pline, au chapitre 20 du mesme livre, que le foye du loup est faict comme l'ongle du pied de cheval, et que les chevaux qui suyvent le train du loup sont fort rompus.

Il allegue, au mesme chapitre, que, pour garder que les loups n'approchent d'un champ ou metairie, il y faut faire quelques choses que je laisse à dire, d'autant que cela se resent par trop de sa magie, de laquelle n'est licite aux chrestiens user en quelque sorte que ce soit, ains est expressement defendue és sainctes Escritures.

## CHAPITRE III

*Comment on doit dresser le limier pour la chasse du Loup.*

Le veneur doit choisir de sa meute un chien le plus beau, hardi, ardant, gaillard et haut, c'est à dire secret, qui n'ayt encore chassé, si faire se peut, afin que d'une gayeté et ardeur il porte mieux le traict auquel il le mettra; le mignardera, le flattera, et donnera à manger plusieurs petites friandises, afin qu'il prenne le traict plus volontairement, sans le rudoyer ne harasser en façon quelconque, de crainte qu'il ne le fuye et abhorre du tout. Et, si d'aventure il a veu rembuscher ou entrer quelque loup dans un bois ou taillis, ne faudra à mener le chien sur les erres et voyes du loup, sans l'exciter ou parler à luy aucunement; mais prendra garde quelle mine et contenance le chien tiendra, comme s'il a peur, s'il se herisse, s'il va bien aux branches, ronces et herbes, s'il porte le nez haut, si bas : car les uns le portent haut, les autres le mettent bas; et est meilleur qu'ils portent le nez haut que bas, parce qu'il y a plus de jugement pour le loup. Lors qu'il porte bien son traict et tire dessus, le veneur luy en doit lascher davantage, l'excitant et parlant de ceste façon en voix basse : « Vail-là, vail-là, dy, vail-là, Pillaut (outre son nom de chien). » Et, s'il s'en rabat et en veut, et que le veneur apperçoyve, par le pas, laisses, pissat, traces ou autres signes, que le loup y ait esté, il doit approcher son limier, l'applaudissant de la main, et luy donnant quelque friandise; puis l'exciter, et parler à luy en voix basse, disant : « Ha, ha, tu dis vray, Campagni. Voile-cy aller ! » et suyvre son limier jusqu'à ce qu'il le lance et trouve la couche du loup, sur laquelle il doit fort flatter son limier, et dans icelle espandre quelques restes de table, comme osselets, formage, pain et autre chose, afin qu'il en mange (toutesfois j'ay des chiens qui ne veulent manger, d'ardeur qu'ils ont de chasser), et, l'ayant fort caressé, doit parler au plus haut et frapper en route (ayant sur la couche sonné le gresle de sa trompette), criant : « Harlou ! harlou ! harlou ! Aprés, Campagni (ou le nom de son chien) ! Aprés, aprés, à route, à route, à route ! »

Et, si on n'avoit veu rembuscher ou entrer le loup dedans le bois (car il est aucunesfois rare), le veneur, pour bien dresser limiers et jeunes chiens pour loup, doit attendre le temps des louveteaux (environ le commencement de juillet, qu'ils commencent à courir par les bois) et aller en quelque bois ou buisson où il y en ayt, et là mener le chien qu'il avoit choisi pour limier, le brosser, percer et traverser, tant qu'il trouve les couches, et le lieu où hantent lesdits louveteaux; lors façonner son limier, comme j'ay dit cy dessus, et chasser en route lesdits louveteaux. Et, si le veneur avoit quelque gentil levrier, qui fust jeune, le faisant bien fouler au limier, il pourroit estre facilement dressé; aprés cela, retirer le limier tout doucement en le caressant et flattant.

Autrement on pourra dresser le limier. Quand il y a des neiges, le veneur soit diligent aller au matin à l'entour de quelque buisson avec son limier, pour se donner garde si quelque bon loup rembuschera; et, s'il en rencontre, doit suyvre le trac, et mettre son chien dessus, en le flattant et caressant tousjours, jusques à ce qu'il le lance et trouve la couche, et aprés le courre en route, faisant ce que j'ay dit. Ce qui sera facile au veneur, car il gardera bien que son limier ne change les voyes, estant balancé de costé ou d'autre, et ainsi on pourra bien dresser le limier. Et est à noter que les loups ont ce naturel et astuce, durant les neiges, s'ils sont deux ou trois, de mettre tous leurs pas dedans le trac et pas du premier, tellement qu'il semble qu'il n'y en ait qu'un, ainsi que l'experience monstre de jour en jour. Toutesfois on peut dire qu'ils marchent si prés, à queuë l'un de l'autre, qu'ils entremeslent leurs pas l'un dedans l'autre, ou qu'ils mettent le pied au pas de l'autre dedans les neiges, comme trouvant ledit pas froissé.

## CHAPITRE IV

*Comme l'on doit dresser les chiens courans pour la chasse au Loup.*

Il y a en France deux cent mille chiens courans, qui tous ne sçauroyent avoir mis un loup hors du bois, là où avec un seul des miens je le feray vuider. Il y a bien plus, c'est que les chiens qui ne sont point dressés pour le loup, s'ils entrent dedans le bois ou buisson, se retirent incontinent hors du bois, ayant le poil herissé, et le plus souvent le loup en ravit deux ou trois. Les gentilshommes mes voisins sçavent bien qu'il est vray, et que le plus souvent perdent de leurs chiens : ce qui ne m'est jamais advenu depuis cinquante ans que je me suis meslé de faire la guerre aux loups. Il est donques requis que les princes et grands seigneurs ayent des chiens, s'il est possible, qui soyent de la race de ceux qui aiment à chasser le loup, et les faire bien nourrir ensemble, afin qu'ils soyent grands, forts et hardis. Et, si d'aventure n'y a chiens pour les dresser qui soyent desja faicts et entendent la chasse, sera bon faire abbattre et amener un carnage prés quelque moulin à eau, de l'autre costé de la petite riviere ou ruisseau, et là, dedans ce moulin, faire cacher un bon arbalestier, garni de son arbaleste et d'un ciseau, pour tirer au loup dés qu'il viendra manger au carnage; puis, l'ayant blessé, amener les jeunes chiens, non plus aagés que d'un an ou bien prés, et les mettre sur le sang par où le loup passera, en les excitant et donnant courage, mesme les conduire avec bonne compagnie de gens : par ce moyen ils ne faudront à suyvre le train et sang espandu, et iront trouver le loup blessé, qui ne se pourra à grand' peine relever, lequel ils abbayeront; et, s'il est mort, le pietonneront et foulleront avec leurs pates. Cela faict, sera bon d'escorcher le loup et en mettre la chair cuire; puis, quand elle sera fort cuite, la decouper par morceaux, et, avec pain de bon froment, laict et fromage, le tout meslé ensemble, l'envelopper dedans la peau du loup escorché, pour en attirer et recevoir l'odeur et le flair; puis, en sonnant le forhu et les trompes, ouvrir ladite peau, sur laquelle sera la teste du loup, ayant la gueule ouverte, et laisser les chiens venir manger tout ce qui est ainsi mis sur la peau. Autant en doit-on faire des premiers loups qu'ils chasseront, aprés les avoir pris.

# CHAPITRE V

*La maniere de faire trainée et buisson pour le Loup.*

APRÉS avoir succinctement discouru la nature du loup, et la maniere de façonner les chiens, tant limiers que courans, pour la chasse d'iceluy, reste à parler maintenant comment il le faut chasser et prendre, en quelque sorte que ce soit. En premier lieu, le soir devant que l'on voudra chasser, faut avoir faict provision d'un carnage de quelque cheval mort, ou bien, si le seigneur de la chasse a le moyen de porter les frais, tuer un cheval, et le mettre à deux ou trois jects d'arc loin du bois, en quelque terre labourée et hersée, s'il est possible, ou bien sur le sable, en païs de sable; et de la tripaille faire au soir la trainée par un homme à cheval, qui fera lier avec de bonnes et fortes harts ou petites harselles (car sur toute chose ne faut qu'il y ayt cordage), et ira à l'entour du buisson, si d'aventure il n'est trop grand et trop spacieux; à tout le moins se pourmenera par les orées et bords dudit buisson, puis reviendra jusques au lieu où le cheval aura esté abbatu, et se pourmenera à cheval assez loin dudit carnage jusqu'à minuict, ou bien le plus tard qu'il pourra: afin que les loups ne l'ayent si tost mangé : parce que, s'ils commençoyent à manger dés le soir, principalement au temps auquel les nuicts sont fort longues, comme en hyver, ils auroyent bien tost faict, et incontinent aprés se retireroyent bien loin de là; mais, s'ils commencent à manger assez prés du jour, ils demeureront au prochain bois ou buisson. Parquoy, s'il y a plusieurs buissons, sera bon de faire plus d'une trainée; et surtout que l'on n'y mette point de cordage, comme avons ja dit : autrement le loup n'en approcheroit aucunement. Est bon aussi que celuy qui fera la trainée ne soit de ceux qui hantent parmy les levriers ou chiens courans, et qu'il ayt avec soy quelque petit mastin qui mange carnage : car cela asseure bien mieux le loup pour y manger. Sera bon aussi en esté que le carnage ne soit loin de riviere, ou ruisseau, ou mare, afin que les loups puissent boire, et eux retirer en leur buisson sans en aller cercher ailleurs. Faut aussi que l'homme qui tuera le cheval, ou qui l'aura apporté mort, leve les quatre quartiers, et les pende haut à quelque branche d'arbre prés de là, pour la nuict suyvante les abbatre et faire tomber une ou deux heures devant le jour. Mesme, s'il y avoit commodité de quelque arbre prés de là, seroit bon qu'il y eust un homme, s'il fait clair de lune, ou qu'il ne face beaucoup trouble, qui montast en l'un desdits arbres pour voir manger lesdits loups, et dire le nombre qu'il en aura veu, et de quel costé ils auront tiré pour leur aller rembuscher aprés avoir mangé : car c'est grande adventure si les vieux loups y viennent manger la premiere nuict, mais bien les jeunes. Et si le vieil loup arrive, les jeunes luy quittent bien tost le carnage et se reculent, attendans que le vieil loup ayt mangé à son plaisir; mesme avant qu'il mange au carnage, il tournoyera à l'entour, regardant et escoutant s'il y a rien qui luy nuise. Puis, s'il veut manger, arrivera en courant et en prendra trois ou quatre goulées, puis se retirera arriere, et reviendra plusieurs fois en ceste maniere; et ay autrefois prins grand plaisir à les voir ainsi faire. L'un de mes gens en conta une nuict seize sur le carnage, au mois de janvier. On dit en commun proverbe que jamais loup ne mangea d'autre;

mais j'ay experimenté le contraire, car pour une nuict en ont mangé deux que j'avois prins le jour devant, dont je leur fis faire la trainée. Aussi, si les loups ont mangé d'un cheval, chien ou pourceau chaud, ils ne peuvent descharger ne vomir cela, ce qu'ils font quand ils les ont mangés froids, afin qu'ils puissent durer et courir plus long temps, cuidans par cela amuser les chiens à manger ce qu'ils rejettent et vomissent en courant.

# CHAPITRE VI

*Comme le veneur doit aller en queste, et faire le buisson pour la chasse du Loup.*

Je me suis plusieurs fois trouvé en la Cour, et ès maisons de princes et grands seigneurs, là où on me demandoit de la chasse du loup. Et, quand je venois à discourir ce que je faisois, moy et mes gens, aussi le moyen de congnoistre le buisson avec la couche du loup, avec nos limiers, ils s'en rioyent, disans qu'il n'estoit point de limier pour le loup; mais l'experience monstre le contraire, car j'en ay tousjours deux ou trois bons et bien dressés, encores que durant les troubles on m'ayt pillé et desrobé quatorze chiens courans, des meilleurs de France, et huict grands levriers, tous faicts à la chasse du loup.

Le veneur donc qui veut aller pour le loup se levera avant le poinct du jour, et partira du logis pour estre incontinent aprés le poinct du jour au carnage. Arrivé là, tiendra son limier de court et s'approchera du carnage. S'il void que la charongne ayt esté trainée hors du lieu où elle estoit, il se peut asseurer que le loup ou loups y ont mangé, cela en est la vraye congnoissance : car les mastins et autres chiens ne trainent point le carnage, mais le mangent en la place où ils le trouvent. Le veneur donc pourra juger le nombre des loups, à peu prés, parce qu'ils auront beaucoup ou peu mangé. Puis, s'il y a terres labourées à l'entour, congnoistra le quartier où les loups se retirent aprés avoir mangé : par ce moyen on pourra en asseurance lascher son limier sur les voyes sans le trop rebaudir.

Quand il sera arrivé auprés du bois, si son limier n'est secret, le tiendra plus court, et fera toutes les sentes, chemins et avenues de la lisiere dudit bois ou buisson; et là où son limier trouvera le rembuschement, et qu'il se voudra presenter aux branches, ronces ou herbes, n'entrera plus avant, et festoyera son limier, en le retirant de là, sans le permettre entrer plus avant : car j'ay veu beaucoup de loups qui n'estoyent la longueur du traict loin du bord du bois; de faict que, si c'est un vieil loup, il sera quelque temps à escouter au bord du bois, et, s'il a esté autrefois chassé et y ayt le vent du limier, ou bien qu'il l'ayt ouï, s'enfuira de grand effroy à plus d'une lieuë ou deux de là. Ayant donc le veneur trouvé le rembuschement des loups, il mettra à l'entrée du bois une brisée par terre, et plus avant une autre brisée pendante, puis ira faire son enceincte, et prendra les devans en quelque chemin ou petit vallon, s'il y en a.

S'il trouve que les loups soyent passés, ne fera bruit ny poursuite grande, mais brisera comme devant, pour aller encore par autre endroit plus avant faire les devans. Aussi, s'il ne trouve point qu'ils soyent passés, doit regarder s'il y a des forts, ou quelque beau costeau qui soit vers le midy ou soleil levant, plein d'herbes et mousses ou bruieres, principalement en temps d'hyver; alors il se pourra bien asseurer que le loup fait là sa demeure. Autrement en est-il en esté, car durant les chaleurs il se retire és bois taillis assez clairs, à l'ombre de quelque hallier, ou és bois de haute fustaye, et alors le veneur pour le prendre usera des mesmes moyens que dessus, en conduisant son limier comme avons dit. Et, si d'adventure les loups n'avoyent esté au carnage, ou qu'on ne leur en eust point baillé, ceux qui menent les limiers doyvent dés le soir departir leurs questes, et avant le jour se lever et s'en aller chacun à son quartier, et n'approcher du bois qu'il ne soit grand jour, parce que bien souvent, m'estant arresté assez loin du bois à une haye ou au bout d'un village, je les ay veu aller à leur buisson et rembuschement. Estant donc ainsi arrivé avant le jour, faut escouter les abbois des mastins et chiens des villages : car, si le loup a passé prés de là, ils se tourmenteront d'abbayer avec grand effroy, d'autre façon qu'ils ne font aux gens, et alors chacun pourra bien estimer qu'il y a des loups en ces quartiers là. Le jour venu, faut s'acheminer vers le bois, tousjours ayant l'œil en terre, pour recongnoistre les traces et pas de quelque loup qui aura passé par là; comme, s'il a pleu une heure ou deux avant le jour, on pourra facilement juger que le loup n'est pas allé loin, et, si l'on void sur quelque terre, chemin ou taupiere, que ses pas ou voyes sont pour aller droit au bois, alors faut se mettre en queste le long dudit bois ou buisson, et ne faudra l'on à voir, par le moyen du limier bien dressé, le rembuschement d'un ou de plusieurs loups. Cependant on fera toute diligence de briser, faire ses enceinctes et prendre les devans, comme avons cy dessus declaré.

# CHAPITRE VII

*Comme l'on doit chasser les Loups avec les chiens courans, et prendre à force.*

Le buisson faict, se retirera le veneur au lieu où l'assemblée aura esté termée, et chacun de ceux qui auront esté en queste avec les limiers fera son rapport; puis, ayans tous prins leur refection du matin, le plus souvent le long d'une haye ou buisson, l'on doit envoyer les varlets avec levriers aux buttes, qui leur auront esté monstrées et marquées par le seigneur, ou homme à ce congnoissant. Les chiens courans seront departis par bandes, les uns serviront pour la meute, aprés que le limier les aura lancés. Et là faut bien avoir le soin que ceste bande soit des meilleurs, mieux dressés et plus vistes chiens, lesquels, selon le nombre des chiens, sera bon de changer à une heure de là, ainsi que l'on pourra adviser. Sur tout, faut que tousjours le varlet des chiens soit à pied, pour les accompagner de prés, et les enhardir quand il sera besoin. Pour ce regard, sera bon d'heure à autre luy bailler chiens frais et de relais, et qu'il les relaye de prés : par ce moyen les premiers baillés reprendront leur haleine tout à leur aise. Vray est que, pour les rendre plus hardis, faudra qu'il parle souvent à eux, et donne courage avec le son de la trompe : car il y a beaucoup de chiens, s'ils ne sont de race, qui n'osent entreprendre à courir les loups, principalement les vieils loups, d'autant que sont bestes plus furieuses que les jeunes. Si le bois est grand et que l'on y puisse aller à cheval, je trouverois bon qu'il y eust un varlet pour accompagner les chiens, et les tenir en queuë le plus prés qu'il pourroit. Aussi voudrois bien qu'il sonnast souvent de sa trompe, et qu'avec son forhu il ne cessast d'enhardir ses chiens. Vray que les autres qui ne sont à la queuë des chiens ne doyvent sonner mot, parce que tant de sonneurs de trompes souventesfois estourdissent les chiens et leur font perdre tout credit et moyen de bien chasser, quand l'une sonne deçà, l'autre delà. Si c'est un vieil loup, et qui ne voye aucune chose qui luy nuyse, ne faudra d'entreprendre le cours; ains si on le veut prendre à force, et que le temps de jour soit assez long, faut le rebouter et rembarrer dedans le bois quand il s'offrira. Incontinent le loup, aprés avoir cerché tous moyens de sortir, et trouvant toujours gens tant à pied qu'à cheval, et tabourins, qui luy feront teste, se sentira tant pressé qu'il ne sçaura avoir autre recours sinon de courir çà et là. Alors on doit continuer à luy bailler chiens frais et de relais, qui le courent à pleine veuë, qui est une des plus belles chasses qu'il est possible de voir. Cependant il se faut donner garde de ses ruses : car, aprés qu'il n'en peut plus, ou il gaigne dans une grande taniere de blereau, là où il entre la queuë devant, et alors le faut environner de chiens pour le tenir aux abbois; ou bien il se sauve dans quelque fort hallier d'espines ou ronces : alors chacun y doit accourir pour là le prendre et saccager. J'en ay prins beaucoup à force, dont aucuns ont duré prés de huict heures, les autres se sont en cela tellement entretenus, gardans leurs forces et haleine, que la nuict venoit, et nous les perdions par faute de jour. J'en ay chassé tel qui a duré dix heures, à raison qu'il alloit souvent boire et rafraichir en une mare dedans le bois. C'est pourquoy on dit que l'homme de guerre doit avoir trois choses en luy : assaut de levrier, fuite de loup et defense de sanglier : car l'homme de guerre doit assaillir aussi hardiment que fait un bon levrier, qui prend et assaut tout ce qu'on luy monstre; s'il luy est besoin se retirer, faut qu'il garde l'haleine de luy ou de son cheval; et s'il est tellement pressé de combattre qu'il n'en puisse eschapper, faut s'acculer contre maison, haye, ou fossé, ou buisson, et là soustenir l'assaut, et cependant adviser de grande hardiesse à tuer quelqu'un de ceux qui l'assaillent, et passer à travers d'eux : par ce moyen plusieurs combattans se sont sauvés. Au surplus, si on chasse en un buisson, et qu'on ayt failli, les loups le lendemain y reviendront, et rembuscheront au mesme buisson s'entrecerchans ; mais le jour d'après ne les y faut pas cercher. Aussi, si quelque prince ou grand seigneur vouloit courre à force de chiens courans, faudroit environner le buisson de levriers, et se tenir trente ou quarante pas loin du bois, afin qu'incontinent que le loup mettra la teste hors ils le rembarrent dedans : car, s'il a esté couru des levriers, et qu'il en trouve quelqu'un en teste en tous endroits où il s'offrira à sortir, il n'osera plus entreprendre la campagne. Et, s'il advient que le buisson soit si grand qu'on ne le puisse enceindre et environner de levriers, faut l'environner de toile ou quelques grands halliers, à maille carrée, de bonne grosse ficelle, haut d'une brassée, pour servir de defense seulement. Et ainsi le prince auroit bien du plaisir de voir chasser ses chiens.

# CHAPITRE VIII

*Comme on doit chasser les Loups sans limier.*

Le seigneur ou gentilhomme qui veut avoir plaisir de chasser les loups, et n'a aucun limier qui soit bien dressé, bien a-il des chiens qui aiment à chasser loups, les pourra dresser de ceste maniere. Doit avoir gens, tant à pied qu'à cheval, pour aller de grand matin à l'entour des bois et buissons esquels les loups ont accoustumé se retirer ; où faut penser qu'ils demeureront toute l'année sans s'escarter aucunement, moyennant qu'on ne leur face pas trop de torment, s'ils ont esté nais et nourris ausdits buissons et bois. Ceux qui iront pour les guetter et revoir auront tousjours l'œil soigneux sur les terres labourées, chemins, sentes et petites avenues, à sçavoir en esté sur la poudre, et en hyver sur les bouës et fanges; et, s'il a pleu la nuict, fera beau en revoir, pourveu que la pluye ait cessé une ou deux heures avant le jour. Eux donc, voyans, par les traces delaissées és terres, que les loups sont allés droit au bois pour se rembuscher, moyennant que les pas et voyes ne soient par pluye ou poudre recouvertes, jugeront pour certain le loup ou loups estre rembuschés audit bois; duquel ils ne bougeront aucunement, pourveu qu'ils n'ayent esté forhués de quelqu'un, ny suyvis de mastins ou autres chiens courans : car, si on les a veus, et qu'aucuns ayent hué et crié aprés eux, et mis leurs chiens et mastins aprés, et soyent loups qui ayent esté chassés, ne se faut attendre à les trouver audit bois ou buisson, ains s'en iront à plus d'une lieuë de là : parce que le loup a bien ceste ruse et malice de nature, de sçavoir qu'il est ravissant, et pour ce regard haï d'un chacun. Si donc les loups ne sont hués ny suyvis de mastins, on departira les levriers pour aller au cours, et seront assis, comme nous dirons cy aprés. Puis on envoyera les chiens courans chacun aux lieux ordonnés pour les relais, et le veneur, avec quatre des meilleurs chiens qu'il ayt, viendra au rembuschement, et là fera assentir à ses chiens les branches par où le loup sera rembusché. Et, voyant qu'ils ne demandent qu'à courir, on laschera et decouplera deux des plus seurs, qui aiment plus à courir le loup; et, dés qu'il orra l'un desdits chiens abbayer, decouplera incontinent les deux autres sur les voyes, brossant à travers du bois pour les enhardir et rebaudir, sonnant souvent et criant « Harlou! harlou! harlou! » Puis, les ayant lancés, lui seront baillés les relais, ainsi qu'on les aura ordonnés et de prés : car, si on relaye chiens de loin et non de prés, pourront aller au change et rompre la chasse. Et, avant que finir ce propos et passer plus outre, ne m'a semblé hors de raison de descrire en ceste part la forme et maniere comme l'on pourra congnoistre les voyes du loup et de la louve, et les discerner d'avec celles du chien. Si l'on void en terre labourée, sable, ou fange, ou poudre, des pas ou voyes de loups, et on est en doute si elles sont d'un mastin, faut considerer la façon de l'empreinte du pied, car le loup a le talon large et gros, faisant trois fossettes en terre sous le talon. Il a les ongles gros et courts, et les deux doigts des pieds de devant tousjours serrés, ce qu'un chien n'a pas. La louve les a de mesme façon, osté qu'elle a le pied plus long et plus estroit que le loup.

Il y a aussi autre congnoissance, par les laisses qu'ils font à l'entrée ou issue des bois et buissons : car le loup fait ses laisses dures, à costé d'un chemin ou sente, en quelque carrefour, et sus quelques ronces ou buissons; la louve, au contraire, rend ses laisses, au milieu du chemin, fort molles et en plateau. On peut aussi juger des loups à les oüyr le soir hurler, car la louve hurle plus clair que le loup, aussi font les jeunes loups de l'année; mais le vieil loup hurle fort gros et menu. Outre cela, le veneur pourra facilement juger qu'un levrier ou grand mastin n'auroit pas esté la nuict ou le matin au bois.

Au surplus, pour dresser chiens courans à courir loups, faut aviser, comme j'ay dit cy devant, où pourra estre la retraitte des jeunes loups au mois de juillet ou d'aoust, pour leur en faire courir un ou deux que l'on aura pris tout exprés, afin qu'ils le puissent fouler et en jouïr à leur aise. Mesme, pour leur donner hardiesse et exciter davantage à la chasse, sera bon les mignarder et festoyer de plusieurs petites friandises que le varlet aura portées en sa grande gibeciere tout à propos; et, aprés que l'on aura congneu lesquels d'entre eux auront le meilleur vouloir et seront les plus adextres et prompts à chasser, on les dressera pour servir de limier, ains bien souvent on lancera devant eux quelques loups, et les fera l'on chasser en route, n'oubliant cependant à les tousjours mignarder et festoyer de plusieurs petites friandises; mesme afin de les enhardir et aider à prendre la proye, souventesfois se retirer des voyes pour aller prendre les devans; et, s'il s'en rabat quelqu'un, le bien festoyer et frapper à route; puis aprés le retirer, et bien caresser. Vray est que sur tout faut prendre soïn que l'on ayt des chiens de race qui courent loup, d'autant qu'il y a chiens de toutes sortes. Les uns sont chiens de garde pour abbayer aux larrons, quels sont les mastins; les autres sont allans, comme en Espagne, pour destourner et poursuyvre la beste qui se presente quelquesfois par les champs ; autres à gros poil, pour aller à l'eau, appellés barbets, qui portent le traict et chassent au gibier des fleuves et estangs. Autres sont espagneux, pour lever et trouver les perdrix et cailles, appellés chiens couchans. Autres chiens pour aller dans terre combattre les renards et blereaux. Autres sont appellés dogues, pour assaillir, mordre et retenir sangliers, ours ou loups. Autres sont nommés levriers, qui sont vistes et hardis à prendre ce qu'on leur monstre, quelque beste que ce soit, et portent grand amour à leurs maistres, combastans quelquesfois pour eux, et se laissans mourir pour l'absence de leursdits maistres morts ou bien estans allés en quelque voyage. Et doit l'on bien faire cas de levriers qui prennent un grand sanglier, fier et orgueilleux, ou un grand loup, qui est un beste fort cruelle, encore que les levriers soyent beaucoup moindres que limiers. Chacun sçait et a veu que mes levriers ne sont de ces grands que l'on void à la Cour, en Bretaigne; toutesfois ils prennent bien les loups, qui sont le plus souvent trop plus grands qu'eux; mais la race et accoustumance y servent de beaucoup. De quelque beau grand levrier de Bretaigne et d'une belle levriere à lievre on pourra tirer de beaux levriers pour loups.

## CHAPITRE IX

*Comment on doit prendre les Loups avec les levriers.*

APRÉS avoir suffisamment monstré la maniere de faire le buisson pour les loups avec limiers et sans limiers, reste à descrire comme on doit asseoir le cours pour lesdits levriers. Il faut donc en cest endroit avoir esgard par où les loups ont le plus souvent accoustumé se rembuscher, et sortir de leur gré au soir pour aller au carnage et cercher leur proye, car ordinairement ils viendront et sortiront par là. Et faut aussi avoir le soin que l'on face le cours en bon vent, c'est à dire que le vent vienne du bois droit au cours : car le loup n'ira contre le vent, s'il sent que les levriers y soyent, et à val le vent n'en peut avoir aucun assentiment; toutesfois le vieil loup ira plus souvent contre le vent qu'à val le vent; et souvent les y ay prins mettant mes levriers assez loin, qui les alloyent assaillir de grand courage à la partie du bois. Le cours donc sera assis à l'une des saillies du bois, en bon vent, et, s'il est possible, que ce soit en quelque plaine ou en pied montant, et que les huttes se voyent l'une de l'autre, faictes en façon de fer à cheval.

Outre cela, sera besoin d'avoir pour le moins sept laisses de grands levriers, et deux laisses de legers levriers, pour les lascher en queuë, et faut qu'ils soyent assis à la partie du bois, accompagnés chacun d'un homme à cheval pour les dresser au cours. Donc aprés cela il y aura trois laisses de chaque costé du cours, qui seront nommées costeresses, dont les deux premieres, qui seront vis à vis l'une de l'autre, lascheront à l'espaule, si le loup est entre les deux, autrement il ne faut qu'ils laschent plus tard. Et, si lesdites premieres laisses costeresses sont bien laschées, le loup ne faillira d'entrer dans le cours; aussi, si les autres laisses sont bien laschées et qu'elles attendent que le loup approche de leurs huttes, le loup ne leur eschappera jamais, et pour cela, celuy qui tient la laisse du fonds du cours doit saillir de sa hutte, ses levriers au poing, et venir au devant de luy, et luy bailler ses levriers en teste, qui doyvent estre les plus hardis et courageux.

Sur tout il y a besoin que chacune laisse ayt bonne hutte de toile, branches et feuilles, pour couvrir l'homme et les levriers; et ceux qui les tiennent doyvent estre bas, à genouil. Quant à moy, j'ay faict faire des huttes de toile tannée, qui se tendent avec trois bastons, qui est pour le mieux, sous lesquelles l'homme et les levriers sont à l'abry du vent et de la pluye, et ont sous eux de la feugere ou de la paille, pour estre plus à leur aise; et, s'il advient que le loup soit attaché de levriers, faut y courir diligemment, pour luy mettre un espieu ou gros baston dedans la gueule, jusques à la gorge, afin qu'il ne blesse levriers aux jambes ny au museau. Par ce moyen les chiens en jouïssent bien à leur aise et sont rendus plus hardis à les prendre, s'ils les ont pris sans avoir esté blessés. Au contraire, si on ne leur donne secours incontinent, les loups ne failliront de blesser beaucoup de levriers, comme emporter aux uns la jambe, aux autres percer la teste, et faire autres outrages, dont ils sont puis aprés fort malades, et bien souvent en meurent; d'autant, comme nous avons dit cy devant, que la morsure des loups est trés dangereuse. Ayans donc les levriers jouï à leur aise de leur proye, ne faut longuement les y laisser; mais chacun doit reprendre les siens, et s'en retourner diligemment à ses huttes, s'il y a encore loups au bois; et là attendre, et lascher les levriers comme a esté dit. Et faut bien adviser à ne les lascher trop tard; vaudroit bien mieux les lascher plus tost, et que le loup retournast au bois, que de le laisser passer hors du cours: car, s'il en est hors, et les levriers sont en queuë aprés, à grand'peine s'en prend-il pas un; toutesfois j'en ay prins plusieurs, voire encore depuis quelques jours, escrivant ce present traicté. Aussi, s'ils sont faillis et eschappés aux levriers, ne se faut amuser à les poursuyvre, car ils ne s'arrestent point, mais vont tousjours. Vray est qu'ils se pourront arrester au prochain buisson ou bois, s'il est assez fort, et qu'ils ayent esté griefvement foulés des chiens; mais cependant ils gaignent les devans et n'osent plus entreprendre la campagne, pensans y trouver encor des levriers; et lors on les prendra à force, qui est une belle chasse sur toutes les autres, d'autant que les chiens, les voyans et sentans desja mal menés, les chassent et poursuyvent avec plus grand courage et hardiesse. Au surplus, faut noter qu'ay veu quelquefois que les levriers font difficulté de prendre une louve chaude, ains la veulent saillir et couvrir comme une chienne; mais, s'il y a au cours quelque bonne levriere, elle la prendra par envie et jalousie.

# CHAPITRE X

*Comme on doit chasser et prendre les Loups sans limiers, chiens courans et levriers, avec les rets et filets.*

Cy devant nous avons descrit comme on doit prendre les loups avec chiens courans et levriers. Or, parce que chacun n'a pas moyen d'avoir chiens, ny la dexterité de les bien dresser, n'ay voulu obmettre à declarer la façon de chasser les loups sans aide aucune des chiens. Faut donc de longue main faire apprest de rets de menu cordage et raiseaux pour tendre aux grands chemins, mesmes des lassieres; puis, à quelque jour de petite feste, non pas au dimanche, qu'il faut garder selon le commandement de Dieu, faire assembler tout le peuple voisin et proche d'alentour de bois ou buisson où hantent et se retirent les loups; et ordonner à ceux de chacune paroisse certains lieux et places pour se camper. Aprés que les compagnies seront arrangées et separées l'une de l'autre, la longueur d'une pique, faudra entrer dedans le bois, menant grand bruit de trompes, cornets, tabourins, huant tousjours, tirant droit où sont les filets et rets tendus, n'ayant crainte de passer ronces ny espines : car c'est où le loup se cache, et laisse passer, sans sonner mot, ceux qui courent aprés luy; dont est venu le proverbe : *Il fait le loup à la carriere*. Les paroisses donc chemineront en bonne ordonnance, conduite chacune par un des principaux de la bande, afin de leur faire garder bon ordre et traverser tout le bois jusqu'à l'endroit des rets et filets, et, s'il y a des loups, ils ne failliront à sortir; mesme on les pourra haster par des petits levriers ou mastins mis en l'estrique à la partie du bois. Et, s'il advient que le loup ayt passé les huttes de ceux qui seront à la garde des filets, on jettera incontinent aprés ses fesses un court baston, pour l'esbrouer et haster davantage, afin qu'il n'ayt la congnoissance du filet; par ce moyen, il ne faillira de se jetter dans l'une des rets, ou bien dans la lassiere ou raiseau : alors sera facile aux gardes des filets de le tuer. Dés qu'il sera tué, faudra incontinent tendre les rets ou lassieres, et se retirer chacun en sa hutte pour attendre les autres. Et sur tout faut que les huttes soyent bien espaisses, ou de toile teinte, comme j'ay dit cy devant. Au surplus, afin que tout le peuple assemblé, estant chacun en sa place, sçache au certain le temps qu'il devra entrer dedans le bois, on tirera un coup de boitte d'artillerie, ou bien d'une grosse harquebuse, qui sera pour signal d'entrer avec grand bruit dedans le bois. Et est bien requis avoir sur les filets gens qui entendent à faire la haye pour lassieres et raiseau, mesme à les tendre, et principalement les rets, que j'ay faict tendre souventesfois sur fourche, avec un margouillet ou billebauquet qui est mis par dessous le maistre de la rets, et à chacun des fourcherons des fourches, mises l'une avant l'autre arriere, qui estoit la meilleure et plus soudaine façon de tendre les rets, et trop meilleure que sur les pieux.

Faut donner ordre aussi, que les maistres des rets soyent bien attachés à arbres, ou à gros pieux fischés en terre, selon la longueur des rets. Il y a aussi bien à regarder pour bien faire une haye pour les lassieres, car le plus souvent ceux qui les font ne l'entendent pas bien, car ils les font toutes droites, et sont trop meilleures, ainsi que l'avons figuré cy devant[1] : car à chacun angle on met une

---

1. Les anciennes éditions de *la Chasse du loup* donnent la figure de cette haie, qui forme une ligne brisée, aux angles de laquelle se trouvent des lassières, ainsi que l'explique Clamorgan.

lassiere, et peut ladite haye servir pour deux costés. Il y a davantage que jamais loup, sanglier ou chevreüil ne se tournera pour passer à costé, voyant l'ouverture devant luy, ayant la haye des deux costés qui l'y conduisent en allier de tonnelet. Au reste, sur tout faut, s'il est possible, tendre les pans de rets et lassieres à bon vent.

# CHAPITRE XI

*De la forme de prendre les Loups aux pieges et autres instrumens.*

C'EST une profonde et admirable providence de Dieu, que l'homme premier, Adam, avant qu'il fust decheu de la perfection que Dieu luy avoit donnée lors de sa premiere creation, avoit imposé les noms aux bestes, comme il est dit en Genese, chapitre deuxieme, verset vingt, et luy avoit donné puissance sur toutes bestes, comme il est aussi recité au premier chapitre dudit livre, verset vingt-six, et au Psalme VIII. Toutesfois, par le peché de notre premier pere, ceste puissance a esté ostée à l'homme par l'horrible vengeance du Seigneur tout puissant, de sorte que les bestes portent aujourd'huy dommages infinis à l'homme, le guettent, luy courent sus, ravissent son bien, le navrent, le tuent : qui est un certain tesmoignage de l'ire de Dieu, qui a puni l'homme justement. Donc ne se faut esmerveiller, ny murmurer aucunement, si l'homme, ayant desobei à son Createur, est aussi desobei par les bestes, qui luy estoyent subjectes et du tout emancipées; si l'homme, ayant offensé Dieu, est offensé par les bestes inferieures à soy. Vray est que ce bon Dieu ne l'a laissé sans moyens, pour pourvoir et se garder de la cruauté des bestes sauvages, insidieuses et malfaisantes : car l'homme, par l'instinct de Dieu, a inventé plusieurs manieres de prendre et assubjectir à soy lesdites bestes, comme loups et autres bestes cruelles. Nous avons cy dessus parlé des moyens de les prendre à force de chiens et levriers; maintenant nous traicterons de la maniere de les prendre au piege, et autres instrumens propres, comme verrez en la figure suyvante, laquelle monstre[1] comme il faut faire une grande fosse, qui soit recouverte d'une claye suspenduë, pour facilement tourner. De l'autre costé de la claye, faut mettre un oyson, aigneau, ou autre tel bestail. Si le loup entreprend et s'efforce de passer par dessus, la claye tourne, et le loup tombe dedans la fosse : laquelle doit estre bien couverte de la claye, afin que le loup, qui est l'une des fines et cauteleuses bestes qui soit, ne la puisse appercevoir; et ceste façon est commune et facile.

*Maniere de tendre le piege.*

Est aussi à considerer que, si le loup, approchant du piege tendu, vient une fois

1. Dans les anciennes éditions, à la suite de la ligne 15 ci-après, on trouve deux gravures. La première représente une fosse à loup, et la seconde divers pièges connus, tels que traquenards, lacs et trébuchets.

à sentir la corde mise en lasset par dessus et autour du trebuchet (ce qu'il fera sans doute), il est certain que soudain il s'en ira, et jamais n'en approchera, tant que le chasseur, qui aura tendu le piege, ait faict perdre la senteur de ladite corde, ce qu'il fera, prenant des crottes de la fiente de loup, et en graissant la corde du piege entierement, en la maniere que l'on poisse de poix un chegros pour coudre souliers : et ce, quand tu auras tendu au loup, de fiente de loup; quant au renard, de fiente de renard, et ainsi de toutes autres bestes qui se prennent au piege; mais la difficulté est de trouver moyen de recouvrer de la fiente de la beste à qui on veut tendre le piege, comme sont le loup, le renard, le blereau, la foine et le putois. Et, pour ce, quand le chasseur voudra tendre son piege, il faut que le jour precedent il s'en aille au bois auquel il veut tendre, d'autant que c'est aux bois taillis, forests, buissons et bruyeres, où l'on tend à tels animaux coustumierement, et le long des chemins où l'on soupçonne la beste devoir passer, labourer avec le hoyau, selon la largeur du chemin, quatre pieds en quarré, et la terre qu'auras labourée mettre en poudre, et l'esgaller doucement, afin que, la nuict suivante, la beste qui passera par cest endroit insculpe la forme de son pied dans ladite terre, et que le lendemain, quand tu viendras recongnoistre le lieu que tu auras labouré, congnoisses la beste qui aura passé : et faut, ainsi que dit est, labourer en plusieurs et divers lieux, et par divers chemins, afin que, si la beste est au bois, tu la puisses asseurer, et par ce moyen ne tendre en vain. Quand tu auras faict ton labourage, il faut, pour le loup, trouver quelque cuisse de cheval ou d'asne, ou de mulet, ou quelque autre charongne, et en faire trainée par le bois le long des chemins et sentiers d'iceluy; et, en faisant la trainée, quand tu arriveras aux lieux où est labouré, faut y jecter six ou sept lopins de ladite charongne, de la grosseur d'un œuf ou environ. Si c'est pour le renard, blereau, foine ou putois, suffira d'appaster autour desdits lieux labourés des rongées de poulaille, ce qui reste sur l'assiette du maistre de maison rustique aprés son repas, ou appaster des rosties de pain bis fricassées avec graisse telle que tu voudras; et le lendemain, quand iras recongnoistre les chemins où tu auras appasté, infailliblement la beste qui aura passé la nuict aura fienté à l'endroit de l'appast, et laissé de ses crottes, desquelles tu poisseras la corde du piege, pour le tendre : ainsi en use le seigneur de Moussac, gentilhomme Limosin prés Belac, un des plus rares tendeurs de pieges, et plus heureux chasseur qui se trouve.

# NOTES

Page 3, lignes 10-11. *Qui m'a donné à cognoistre,* ce qui m'a fait voir.

4, 3. *Dextres* (du latin *dexter*), habiles.

— 7. *Faons* (du latin *infans,* dont on a pris seulement la dernière syllabe. Ménage, *Dictionnaire étymologique de la langue françoise,* v° *Fan*), petits des bêtes sauvages qui portent des cornes ou des bois, comme le cerf, le chamois, le daim et le bouquetin. — D'après d'Yauvillê (*Traité de vénerie, vocabulaire général des termes de la chasse du cerf*) et Desgraviers (*Essai de vénerie, ou l'Art du valet de limier, vocabulaire des termes de vénerie*), ils gardent seulement ce nom jusqu'à six mois.

— 8. *Bestes fauves.* La couleur fauve (du latin *fulvus*) tient le milieu entre le jaunâtre, le roux et le gris. Cette nuance domine dans la robe du cerf, du daim et du chevreuil, ce qui leur a fait donner le nom de bêtes fauves. Plus tard, par extension, le nom de *fauve,* pris généralement, s'est appliqué à tous les grands animaux, même aux bêtes noires (sangliers). Lorsqu'on dit : *Il y a du fauve dans cette forêt,* on n'entend point parler seulement du cerf, du daim et du chevreuil, mais de tout le gros gibier. (J. La Vallée, *Technologie cynégétique,* v° *Fauve.*)

4, 15. *Ire* (du latin *ira*), colère.

— 16-19. *Comme il est escrit au Vieil Testament, que...* Je suis le Seigneur votre Dieu... Si vous marchez selon mes préceptes, si vous gardez et pratiquez mes commandements... j'éloignerai de vous les bêtes qui pourraient vous nuire. (*Lévitique*, chapitre XXVI, versets 1-6.)

— 22-23. *Le grand Roy François, vostre ayeul,* François Ier, né à Cognac, le 12 septembre 1494; roi de France, le 1er janvier 1515, mort en 1547.

5, 1. *Scion,* rejeton.

— 2. *Prins,* pris.

— 5. *Apprins,* appris.

— 11-14. *Sus un poinct non accoustumé de la figure en an de tout le monde, où...,* donnant, contrairement ce qui s'était fait jusque-là, le plan figuratif de toutes s parties du monde, où... — Cette *carte universelle* ait une sorte d'atlas comprenant une série de cartes éographiques et hydrographiques. (Voir Introduction.)

— 17. *Librairie,* bibliothèque. — Le chapitre 7 du livre II de *Pantagruel* est intitulé : Comment Pantagruel vint à Paris; et des beaux livres de la *librairye* de Saint-Victor.

6, 6-7. *Henry vostre pere,* Henri II, fils de François Ier. Né en 1518, il succéda à son père en 1547, et mourut, le 10 juillet 1559, d'une blessure que lui fit, dans un tournoi, le comte de Montgomery.

— 7. *François vostre frere,* François II, fils aîné de Henri II, né en 1544, roi en 1559, mort en 1560.

— 8-9. *J'ay soustenu d'honnorables charges par mer,* j'ai rempli d'honorables missions sur mer.

7, 3. *Victuailler* (du latin *victus,* nourriture), pourvoir de vivres.

7, 4-5. *Par le...*, en se dirigeant à l'aide de...

— 8. *La Nouvelle Terre Françoise*, le nord de l'Amérique, qui, après les explorations, du Florentin Verazzani ou Verazzano (1524) et du Français Jacques Cartier (1534), reçut le nom de *Nouvelle-France*.

— — *Ochelaga*, Hochelaga, village jusqu'où Cartier remonta le Saint-Laurent en 1535, et sur les ruines duquel fut depuis construite la ville de Montréal.

— 9. *La Saguève*, les contrées traversées par la Saguenay, rivière du Bas-Canada.

— — *Baillé*, donné.

9, 7. *Et toutes autres telles nourritures*, et tous autres animaux qui servent aussi à leur nourriture.

10, 1-2. *Terres Neuves*, l'île de Terre-Neuve, faisant partie de l'Amérique anglaise depuis le traité d'Utrecht (1713). Cette île fut découverte, en 1497, par Jean Cabot. En 1525, Verazzani la visita et en prit possession au nom du roi de France.

— 2. *La Suesse, Norvegue*, la Suisse, la Norvège.

— 5-6. *Reservé les isles d'Angleterre et Escosse*, excepté en Angleterre et en Écosse. — L'assertion de Clamorgan n'est point exacte en ce qui concerne l'Écosse, car voici ce que dit Elzéar Blaze (*le Chasseur au chien courant*, t. II, p. 156) : « L'Angleterre a pu se débarrasser de ses loups sous le roi Edgard (Edgard le Pacifique). Les habitants du pays de Galles s'étaient révoltés; après les avoir soumis, le prince leur pardonna, sous la condition qu'ils payeraient un impôt annuel d'une certaine quantité de têtes de loup. L'exil, la prison, le droit de rentrer dans ses terres, tout fut tarifé, taxé en loups, suivant la nature du crime ou l'importance de la personne : on payait cette contribution en s'amusant, puisque l'on chassait. Les Gallois qui, peu de temps avant, guerroyaient contre les troupes d'Edgard, déployèrent leur courage contre les loups. Ces animaux menaçaient l'Angleterre de la dépeupler de moutons. Cette levée en masse les détruisit jusqu'au dernier, qui fut tué en l'an 966; *ce n'est qu'en* 1680 *que les loups disparurent de l'Écosse*, et en 1710 de l'Irlande. »

10, 12-16. *D'aureilles courtes et droites...* — Le loup porte les oreilles droites et pointues; elles n'offrent point de prise comme celles du chien. Il serait difficile de les saisir, et surtout de les retenir si on les avait empoignées; aussi les Romains disaient-ils, pour exprimer que l'on est dans l'embarras : Je tiens le loup par les oreilles. *Teneo lupum auribus.* (J. La Vallée, *la Chasse à courre en France.* Paris, Hachette, 1859, page 378.)

*Mihin' domi est : immo, id quod aiunt*, auribus teneo lupum :
*Nam neque quo amittam a me, invenio, neque uti retineam, scio.*

(Térence, *Phormion*, act. III, sc. 2.)

— 16-23. *Pline, auteur singulier...* Sed in Italia quoque creditur luporum visus esse noxius : vocemque homini, quem priores contemplentur, adimere ad præsens. Inertes hos parvosque Africa et Ægyptus gignunt : asperos trucesque, frigidior plaga. (Nisard, *Collection des auteurs latins. C. Plinii secundi Naturalis historia*, Paris, J. J. Dubochet... 1848, lib. VIII, cap. 34.)

— — *Pour l'heure*, momentanément.

— — *Aspres*, farouches.

11, 1-5. *Olaus Magnus, archevesque d'Usphalle en Gotthie,...* Magnus Olaus, archevêque d'Upsal (Suède), mort à Rome en 1568. L'ouvrage de cet auteur, cité par Clamorgan, est intitulé : *Historia de gentibus septentrionalibus, eorumque diversis statibus, conditionibus, moribus...* Rome, 1555, in-f°, et Bâle, 1567. Une version française parut à Paris en 1561.

— 6. *A la verité*, conformément à la vérité, à la réalité.

11, 14-15. *Bien embastonnés,* bien pourvus de bâtons.

— 20. *Loups cerviers.* Le loup-cervier ou lynx (*lynx vulgaris*) constitue une des divisions du genre des chats, avec lesquels il a une grande analogie par la forme du corps. Son hurlement ressemble beaucoup, pendant la nuit, à celui du loup; en outre, cet animal attaque les jeunes cerfs. De là, dit-on, le nom vulgaire de loup-cervier qui lui a été donné. Pline, après avoir parlé du loup, ajoute : Sunt in eo genere, qui *cervarii* vocantur, qualem e Gallia in Pompeii Magni arena spectatum diximus. Huic quamvis in fame mandenti, si respexerit, oblivionem cibi subrepere aiunt, digressumque quærere aliud. (*Naturalis Historia,* lib. VIII, cap. 34.) Le loup-cervier était assez commun dans les Gaules; mais il a depuis longtemps disparu de notre pays. — « En 1777, il en fut apporté un de l'âge de huit mois, qui avoit été pris tout jeune dans les Pyrénées par un paysan à la suite de sa mère, qu'il venoit de manquer d'un coup de fusil. Depuis, il en fut tué un autre dans une battue de loups, sur les montagnes des environs de Saint-Gaudens en Comminges. Comme l'animal ne se rencontre que très rarement et de loin en loin, il ne fut point connu d'abord; cependant de vieux chasseurs de ce pays le reconnurent et attestèrent en avoir vu déjà deux autres. » (*Encyclopédie* de Diderot et d'Alembert, *Dictionnaire de toutes les espèces de chasses,* v° *Lynx.*) — Selon Buffon, quand le loup-cervier a pu s'emparer d'un animal, « il lui suce le sang et lui ouvre la tête pour manger la cervelle, après quoi souvent il l'abandonne pour en chercher un autre ». (*Histoire naturelle, le Lynx ou Loup-cervier.*) Peut-être ce fait, mal interprété, a-t-il amené Clamorgan à dire avec Pline que, si les loups-cerviers « ont prins une beste, et, en la mangeant, ils lèvent la teste pour regarder ailleurs, ils oublient leur proye, et la laissent là pour en chercher d'autre ».

12, 2-11. *Le mesme auteur, au chapitre trente-qua-*

*trieme dudit livre* (du livre VII de son *Histoire naturelle* cité plus haut, page 10, ligne 17)... Nam *thoës* (luporum id genus est procerius longitudine, brevitate crurum dissimile, velox saltu, venatu vivens, innocuum homini habitum) non colorem mutant, per hiemes hirti, æstate nudi. (*Historia naturalis*, lib. VIII, cap. 52.) La fin de ce passage est mal rendue par Clamorgan ; car Pline ne dit pas que les thoës sont fort velus en hiver et en été, mais bien qu'ils sont en hiver hérissés d'un poil qui tombe en été. — Thoës, ou plutôt θῶες, nominatif pluriel de θῶς, est un mot grec emprunté par Pline à Aristote. (*Histoire des animaux*, liv. VI, chap. 35.) Les divers traducteurs d'Aristote lui donnent l'acception de *lupi cervarii*, loups-cerviers ; d'après Buffon (*Histoire naturelle, le Loup ou Loup-cervier*), ce serait à tort, car les animaux décrits par le célèbre naturaliste grec ne présenteraient pas les caractères propres au lynx ou loup-cervier. Du reste, Vendel-Heyl et Pillon, dans leur dictionnaire grec-français (Paris, Le Normand, 1845), traduisent θῶς par sorte de bête sauvage, chacal, espèce de chèvre sauvage. — L'édition de *la Chasse du loup* de 1589 porte à la fin de cet alinéa : *Sont fort velus en hyver et esté, de poil roux*, et celle de 1632 : *Sont fort velus en hyver et en esté, et sont de poil roux*. Ces variantes ne reproduisent pas davantage le texte de Pline.

12, 8. *Venaison*, chair des animaux sauvages, et surtout des quadrupèdes.

— 12-14. *Aristote... aux livres qu'il a faicts...* — *L'Histoire des animaux*, *les Parties des animaux* et *la Génération* forment, dans les œuvres d'Aristote, trois traités distincts et non pas un seul, comme semble le dire ici Clamorgan.

— 15-17. *En son Ve livre...*, Ve livre de l'*Histoire des animaux*. — Eodem quo canes modo ineunt atque ineuntur lupi. (*Aristotelis Opera omnia, græce et latine*... Paris, Firmin Didot, 1854.)

12, 17-20. *Et au II^e livre*... II^e livre de l'*Histoire de animaux*. — Quoad pudendum autem magna exstat differentia;... aliis vero nervaceum ut cervo et camelo; aliis osseum, ut vulpi, lupo, viverræ (furet), mustelæ. (*Ibid.*)

— — *La mustelle, appellée belette*. — La belette est la *mustela* des Romains.

12-13, 20-9. *Il dit plus au livre sixieme*... livre VI^e de l'*Histoire des animaux*. — Clamorgan amplifie le texte d'Aristote, car voici la traduction latine du passage cité : Lupus parit et gerit canum more, tum tempore, tum numero; item cæcos, sicut et canis; coit autem, cum mas, tum femina, unico solummodo anni tempore, atque parit æstate ineunte. (*Aristotelis Opera omnia, græce et latine*...)

13, 3. *Empreintes*, pleines.

— 9-14. *Ledit Aristote dit d'avantage, au huictieme livre*... VIII^e livre de l'*Histoire des animaux*. — Generantur alia quoque ex mistione diversorum generum, veluti in Cyrenaico agro etiam lupi cum canibus coeunt ac generant; sic quoque ex vulpe et cane Laconici. Aiunt etiam ex tigride et cane nasci canes Indicos, verum non protinus, sed tertia mistione; primo enim nasci fœtum ferocem autumant. (*Ibid.*) En rapprochant cette traduction très-fidèle de celle un peu trop fantaisiste de Clamorgan, on voit que l'auteur de *la Chasse du loup* prête souvent à Aristote certaines choses que le naturaliste grec n'a pas précisément écrites.

— — *Païs des Cyreniens*. *Cyrène*, aujourd'hui *Curin* ou *Grennah*, ville de l'Afrique septentrionale et capitale de la Cyrénaïque, fut fondée, en l'an 630 avant Jésus-Christ, par Battus de Théra, qui conduisait en Afrique une colonie sur l'ordre de l'oracle de Delphes. Son commerce égalait presque celui de Carthage. Elle est aussi célèbre par la secte des Cyrénaïques, dont l'école philosophique fut établie dans ses murs par Aristippe.

13, 11-12. *Les loups se joignent et couvrent les chiennes,* les loups s'accouplent avec les chiennes et les couvrent.

— 14-15. *Au premier livre,* Ier livre de l'*Histoire des animaux.*

— 19. *Cauteleuses* (du latin *cautela,* précaution, prévoyance), fines, rusées.

— 21. *Au huictieme livre,* VIIIe livre de l'*Histoire des animaux.*

14, 3. *Defouir,* déterrer.

— — *Carnage,* nourriture du loup. — On dit, en termes de vénerie, que *le loup est au carnage,* comme on dit que *le cerf est au gagnage.* (Parent, *le Livre de toutes les chasses,* Paris, Tanéra, 1865.) — *Du carnage* signifie ici quelque quartier d'animal tué par le loup, ou quelque morceau d'une charogne trouvée par lui.

— 5. *Saoulés,* soûlés; rassasiés. — Comment seroit-il possible de *soûler* tant d'hommes perpétuellement affamés? (Malherbe, *Traduction du Traité des bienfaits de Sénèque,* liv. IV, chap. 37.)

— 21-22. *Chapitre huictieme,* chapitre 10e du Pline de la collection Nisard.

— 22-23. *Recitent,* racontent, disent.

— 23. *Palus Meotides.* Le *Mæotis Palus,* aujourd'hui la mer d'Azov, tirait son nom des Méotes, peuple scythe qui s'était établi sur ses bords.

15, 1-2. *Qui ont accoustumé leur...,* qui ont l'habitude de leur...

— 3. *Et, s'ils y faillent,* et, si ceux-ci (les pêcheurs) y faillent. — *Faillent,* manquent.

15, 4-5. *Au sixieme livre, chapitre dix-huictieme, dit...* au livre VIe, chapitre 18e, de l'*Histoire des animaux*, Aristote dit...

— 13. *Conté*, compté.

— 14. *Entrepillés*, battus.

— — *Mors*, mordus.

— 21. *Au neufieme livre*, IXe livre de l'*Histoire des animaux*.

— 22. *Des bestes qui...* à propos des bêtes qui...

16, 2. *Second livre*, IIe livre de l'*Histoire des animaux*.

— 11. *Arteils* (du latin *articulus*, articulation, jointure), orteils, doigts du pied. — *Orteil* ne se dit plus aujourd'hui que du gros doigt du pied.

— 11-14. *Ont cinq doigts aux pieds de devant et quatre aux pieds de derriere, comme les lions, les loups, les chiens.* — Les chiens... ont aux pieds de devant quatre doigts dans le genre Hyénoïde; dans les vrais chiens et les renards, cinq doigts, dont quatre seulement touchent la terre, le pouce se trouvant trop haut pour atteindre le sol, et n'étant pour ainsi dire qu'à l'état rudimentaire. Les pieds de derrière ont quatre doigts, et quand on en trouve cinq, ce qui n'arrive jamais que dans quelques races de chiens domestiques, ce cinquième ne doit être considéré que comme une superfétation accidentelle. (D'Orbigny, *Dictionnaire universel d'histoire naturelle*, v[o] *Chien*.)

— 18-19. *Car j'en ay faict courir plusieurs*, car j'en ai fait courir plusieurs par des chiens courants ou des lévriers, j'en ai chassé plusieurs.

17, 3. *Connil* (du latin *cuniculus*), lapin.

— 7. *Au livre sixieme*, VIe livre de l'*Histoire des animaux*. — Dans ce passage, Aristote parle des *thoës* et non pas de loups canins, comme le dit Clamorgan. Thoës eodem quoque modo uterum gerunt quo canes, et pariunt cæca duo, aut tria, aut quatuor numero. (*Aristotelis Opera omnia, græce et latine...* loco citato.)

17, 12. *Nais*, nés.

— 15. *Halliers* (du bas latin *hallæ*, rameaux secs), parties de bois remplies de buissons très fourrés, où il est difficile de pénétrer. — *Couverts*. En vénerie, les *couverts* sont les bois et buissons. *On chasse à tête couverte*, lorsqu'on chasse sous bois. (J. La Vallée, *Technologie cynégétique*.) — *Couverts* doit avoir ici le sens de cachés, écartés.

— 16. *Buissons*, bois peu importants, de peu d'étendue.

— 20. *Tayniere*, tanière.

18, 7. *Au pourchas*, à la recherche d'une proie, en chasse.

> *Tant de garçons en ce village*
> *Sont qui* pourchassent *de m'avoir.*
>
> (Gauchet, *le Plaisir des champs, le Printemps, Chanson d'une bergiere.*)

19, 4. *On les peut voir sur...* On peut voir leurs traces sur...

— 8. *Cours*, plaine ou endroit découvert, où on mettait soit des *rets* (filets) pour prendre le loup, soit des laisses de lévriers, lorsqu'on chassait cet animal avec cette espèce de chiens. (Voir, plus bas, les chapitres IX et X.) Le Verrier de La Conterie (*l'École de la chasse aux chiens courans, Chasse du loup*, chap. IV) dit aussi *le cours*, mais Salnove (*la Vénerie royale*, IIIe partie, chap. XV) écrivait *la courre*.

— 11. *Chaudes*, en chaleur.

20, 3-4. *Bestes de passage*, bêtes qui ne séjournent pas toujours dans le même pays.

— 5. *D'Ardaine*, des Ardennes.

— 8-9. *Des bestes noires, comme sangliers.* Les chasseurs distribuent les *bêtes* en fauves, en noires et en rousses ou carnassières : les *fauves* sont les cerfs, les daims, les chevreuils, avec leurs femelles et faons; les *noires* sont les sangliers et les marcassins. Les bêtes fauves et les noires composent la grande venaison; les bêtes rousses ou carnassières sont le loup, le renard, le blaireau, la fouine, le putois, etc. (*Encyclopédie* de Diderot et d'Alembert, *Dictionnaire de toutes les espèces de chasses*, v° *Bêtes*.)

— 12-13. *Carnages*, cadavres.

21, 19. *Interessées*, attaquées, atteintes.

— 23 *Blessés prenans les loups*, blessés en prenant des loups.

22, 7. *Les font escarter*, les dispersent.

— 12. *Es villages*, dans les villages.

— 14. *Mesnager*, ménager, qui dirige le ménage, propriétaire.

— 17-18. *Cerchent*, cherchent.

23, 3. *Partement*, départ. — Que vous ai-je fait... que vous souhaitiez que mon retour soit de pire condition que mon *partement* ? (Malherbe, *Traduction du Traité des bienfaits de Sénèque*, liv. VI, chap. 37.)

— 12. *S'accompagnent*, vont par bandes, se réunissent.

— 16-17. *Cependant*, pendant ce temps-là.

24, 4. *Qui l'abbaye*, qui le poursuit en aboyant.

— 6. *Cuidant* (*cuider*, du latin *cogitare*), croyant, pensant.

24, 7. *Huis*, huisserie (assemblage des pièces de bois qui forment l'ouverture d'une porte). — *Dessous l'huis*, par l'espace libre existant entre le bas de l'huisserie de la porte et le sol.

— 10. *Industrie*, habileté, adresse.

— 11. *A relais*, en se relayant, en se plaçant en relais.

— 14. *Comme un cours de levriers*, comme des lévriers placés dans un cours. (Voir, plus bas, chap. IX.)

— 15. *Orée* (du latin *os*, bouche), bord, lisière.

— 16-17. *Accueillir*, assaillir.

*Biaú parole aux chiens, ce te di,*
*Tant qu'ils l'aient bien acoili.*

(*La Chace dou cerf.*)

— 18. *Gaignages* ou *gagnages* (du bas latin *ganare*, paître), pâturages.

*Et en questant aux cernes de* gaignages,
*Souvent entends des oiseaux les ramages.*

(Du Fouilloux, *la Vénerie, le Blason du veneur.*)

— 19. *Berchotius*, Bercheure ou Berchoire (Pierre), savant bénédictin, né à Saint-Pierre du Chemin, près de Maillezais, en Poitou, auteur du *Reductorium, repertorium et dictionarium morale utriusque Testamenti*, Strasbourg, 1474, Nuremberg, 1499. Le 43e chapitre du XIVe livre de cet ouvrage renferme des détails assez curieux sur la faune et la flore du bas Poitou.

25, 2. *Isidore*, probablement Isidore de Charax, historien et géographe grec, vivant trois siècles avant Jésus-Christ, sous Ptolémée-Lagus. On a de lui les *Stathmes parthiques*, ouvrage fort incomplet, dans lequel ne se trouve pas le passage cité par Clamorgan. Ce dernier a dû l'emprunter à quelque auteur qui le rapporte.

25, 4. *Ravissante,* qui enlève de force.

— — *Appete* (appéter, du latin *appetere,* dont il a conservé le sens, avoir de l'appétit, du goût pour tel aliment), qui aime, qui a du goût pour.

— 6-16. *Aristote, en son livre des Animaux, fait mention...* Cette citation, tirée du chapitre 1er du livre II de l'*Histoire des animaux*, se comprend peu. En effet, après avoir rappelé qu'on ne saurait accorder grande créance aux récits de Ctésias, Aristote, à l'endroit indiqué, rapporte ce que le médecin d'Artaxercè-Mnémon s'était plu à dire du *μαρτιχώρας* de l'Inde; mais il n'ajoute nullement que cet animal soit une sorte de loup. D'après C. Alexandre (*Dictionnaire grec-français*, Paris, Hachette, 1870), le *μαρτιχώρας* ou *μαντιχώρας* serait vraisemblablement une espèce de porc-épic.

— 9. *Ordres,* rangées.

— 17. *Rustiques,* gens de la campagne, paysans.

— 20. *Maligne,* mauvaise.

— 21. *Inspiration* (action par laquelle le poumon attire l'air, mouvement opposé à celui de l'expiration), respiration, air respiré.

— 22. *Prochain,* qui est dans le voisinage, proche.

26, 1-2. *Lupi Mœrin...* Virgile, *églogue* IX, vers 54.

— 22. *Dit davantage que...* Vellera ovium, quæ a lupis voratæ sunt, itemque lanæ atque ex iis confectæ vestes multo sunt ad generandum pediculos aptiores quam reliqua. (*Aristotelis Opera omnia, græce et latine... De animalibus historia*, lib. VIII, cap. 10.)

27, 9. *Acharnées,* ayant du goût pour la chair. — Gaston Phœbus dit dans le même sens: « La chair de l'homme est si savoureuse et si plaisante, que puis (depuis) qu'ils (les loups) en sont *acharnez* (en ont mangé, y ont pris goût), ils ne mangent autres bestes... » (Du Fouilloux, *la Vénerie*, éd. Niort, Robin et Favre, 1864. *Chasses du roy Phœbus, Chasse du loup.*)

27, 12. *Au livre huictieme*, VIIIe livre de l'*Histoire des animaux*. Dans ce passage et les suivants, Clamorgan ajoute singulièrement au texte d'Aristote.

— 21. *Rebouchées*, émoussées. — Je ne veux pas nier qu'il (Chrysippus) ne soit un grand personnage, mais toujours c'est un Grec, de qui les pointes se *rebouchent* le plus souvent... (Malherbe, *Traduction du Traité des bienfaits de Sénèque*, liv. I, chap. 4.)

28, 1. *Origan* (*Origanum*, de ὄρος, montagne, et γάνομαι, se réjouir, qui se réjouit, se plaît sur les montagnes), plante médicinale de la famille des labiées, dont le principe aromatique s'allie à un principe amer, ce qui la rend stimulante et tonique.

— 4. *Asprement*, âprement, avec avidité, voracité.

— 13. *Quiterne* (du grec χιθάρα), guitare.

— 18. *Homere, prince des poëtes grecs*. Ce long passage jusqu'à la ligne 23 de la page suivante n'est point d'Homère. Clamorgan l'a emprunté, partie au IXe livre (chap. 44) de l'*Histoire des animaux* d'Aristote, dans lequel se trouve intercalé un vers du poëte, partie au livre VIII (chap. 18-19) de l'*Histoire naturelle* de Pline. En outre, on ne sait pourquoi, il a prêté au loup ce que ces deux auteurs disaient uniquement du lion.

29, 12. *Defaut*, manque.

— 17-18. *S'accourcit*, se raccourcit.

— 23. *Solinus*, Caius-Julius Solinus, géographe latin, qu'on suppose né à Rome et avoir vécu vers l'an 230. Il composa un ouvrage intitulé, selon les éditions : *De situ et mirabilibus orbis ; Rerum mirabilium collectanea ; De mirabilibus* ou *memorabilibus mundi* et *Polyhistor*.

30, 3-4. *Poil... herissonné,* poil comme celui du hérisson.

— 5. *Severe,* cruel, farouche. — Le latin *severus* a aussi parfois ce sens.

— 10-11. *Pline, au livre onzieme de son Histoire naturelle...* chapitre 55.

— 16. *La grande dent dextre,* la canine droite. — Lupi dexter *caninus* in magnis habetur operibus. (Pline chap. 63 du livre indiqué.)

— 18-19. *Au livre vingt et unieme, chapitre dixieme,* chapitre 44 du livre XXVIII de l'édition de Pline de la collection Nisard.

— 21. *Chermes,* charmes (sorts, enchantements).

32, 1. *Pline au...,* chap. 47 du livre XXVIII, *ibid.*

— 6. *Vaut,* est bonne, réussit.

— 7. *Defluxions* (du latin *defluxio* ou *defluxus*), écoulements d'humeurs.

— 8. *Singuliere,* excellente, souveraine. — On trouve dans Pline *singulare remedium,* remède souverain.

— 11. *Axonge,* partie la plus molle et la plus humide de la graisse des animaux. En médecine, on appelle ainsi la graisse de porc ramassée sous la peau de l'animal, principalement vers les reins, et à laquelle on a fait subir une préparation.

33, 1. *Moust* (du latin *mustus*), nouveau, doux, qui n'a point fermenté.

— 3-4. *Pline fait aussi mention, au vingt-cinquieme livre de son Histoire* (naturelle), livre XXVIII, chap. 49, du Pline de la collection Nisard.

— 5. *Guarit,* guérit.

— 7. *Laisses* ou plutôt *laissées.*

33, 9. *Au* 14e (*chapitre*)... *Ibid.*, chap. 58.

— 11. *Concombre sauvage*. Cette plante, qu'on appelait aussi autrefois *Concombre d'âne* ou *Elaterium* (Lémery, *Dictionnaire universel des drogues simples*, Paris, d'Houry, 1759, p. 195), est l'Ecbalie élastique (*Ecbalium agreste*) et appartient à la famille des Cucurbitacées.

— 18. *Et, au chapitre seizieme*... édition citée plus haut, livre XXVIII, chap. 67.

34, 2. *Au chapitre dix-huict*... *Ibid.*, chap. 77.

35, 8-9. *Quelque morceau de carnage ou peau de loup*, quelque partie du corps d'un loup ou de la peau de cet animal.

— 16. *Au chapitre* 20. *Ibid.* chap. 81.

— 18. *L'ongle du pied de cheval*, le sabot d'un cheval.

— 20. *Rompus*, brisés, fatigués.

— 21. *Il allegue*... *Lupos in agrum non accedere, si capti unius pedibus infractis, cultroque adacto paulatim sanguis circa fines agri spargatur : atque ipse defodiatur in eo loco, ex quo cœperit trahi, aut si vomerem* (le soc de la charrue), *quo primus sulcus eo anno in agro ductus sit, excussum aratro, focus Larium, quo familia convenit, absumat : ac lupum nulli animali nociturum in eo agro, quamdiu id fiat.* (Livre XXVIII, chap. 81.)

— 22. *Garder que*, empêcher que.

36, 1. *Je laisse à dire*, je passe sous silence, j'omets.

— 4. *Ains*, mais.

37, 4. *Secret*, qui ne donne point de la voix sur les voies d'un animal. — Quand on commence à mener un limier, il faut le laisser crier dans les voies s'il en a envie; mais lorsqu'il est bien dedans et qu'il suit avec ardeur, il faut, quand il crie, le retenir et lui donner quelques saccades et même quelques coups de trait; on le caresse s'il s'apaise, mais on continue et même on redouble la correction s'il ne cesse pas de crier, parce qu'il est absolument nécessaire qu'un limier soit *secret.* (D'Yauville, *Traité de vénerie,* article Ier, chap. 2.)

37, 6. *Traict,* trait, corde de crin de trois à quatre pieds de long et de la grosseur du doigt, qui, étant attachée à la plate-longe de la *botte* (collier de cuir, large de quatre à cinq pouces) du limier, laisse au chien la liberté de marcher et de travailler devant le valet de limier. (*Ibid., Vocabulaire particulier du valet de limier.*)

38, 2. *Les erres et voyes.* — Les *erres* (du latin *iter*) du gibier sont le chemin par lequel il a erré. Ce mot est donc synonyme de route et de *voie.* Il s'applique aussi à l'empreinte laissée par le pied de la bête; enfin, il sert encore à distinguer le plus ou moins de temps qui s'est écoulé depuis que le pied du gibier s'est imprimé sur le sol. Lorsque la voie ne conserve plus ou presque plus de sentiment (odeur), on dit que la bête *va de hautes erres.* Si la trace est nouvelle, au contraire, *elle va de bonnes erres* ou *de bon temps.* (J. La Vallée, *Technologie cynégétique.*) — Mais comme dans Le Verrier de La Conterie (*l'École de la chasse aux chiens courans, Dictionnaire des termes de chasse*) on lit : *Erres. Hautes erres ou hautes heures, c'est quand il y a longtemps que la bête est passée,* il semble qu'il y a lieu de supposer qu'ici *erres* signifie les voies anciennes de l'animal et *voyes* celles qui sont récentes.

— 6. *S'il va bien aux...,* s'il flaire bien les...

— 10-11. *Parce qu'il y a plus de jugement pour le loup,* parce que le nez du chien est alors plus facilement frappé par les émanations laissées par le corps du loup aux branches, ronces ou herbes.

38, 12. *Porte bien*, supporte bien, s'habitue à.

— 16-17. *S'il s'en rabat.* — Un limier *se rabat* lorsqu'il trouve des voies; il met le nez à terre avec plus d'activité, et il s'élance au bout de son trait pour suivre les voies. (D'Yauville, *Vocabulaire particulier du valet de limier*, v° *Rabattre*.)

38-39, 23-1. *Campagni*, compagnon.

39, 3. *La couche*, l'endroit où l'animal se couche. Salnove (*la Vénerie royale, Chasse du loup*, chap. 18) se sert du mot *litteau*.

— 4. *Espandre*, répandre, mettre.

— 5. *Osselets*, petits os.

— 6. *Formage*, fromage.

— 10. *Frapper en route*, faire faire suite (faire suivre la voie) à son limier. (Le Verrier de La Conterie, *Dictionnaire des termes de chasse*.)

— 11-12. *Le gresle de sa trompette.* — *Grêle, ton grêle*, ton haut et le plus clair du cor de chasse. (*Dictionnaire théorique et pratique de chasse et de pêche*, Paris, Musier, 1769, t. I, p. 454.)

— 12. *Harlou*, mot composé probablement de *hare*, cri dont les chasseurs se servaient autrefois pour exciter leurs chiens (*Encyclopédie* de Diderot et d'Alembert, *Dictionnaire de toutes les espèces de chasses*), et de *loup*.

— 14. *A route*, à la voie.

40, 1. *Brosser*, traverser sans suivre aucun chemin. (Le Verrier de La Conterie, *Dictionnaire des termes de chasse*.) — *Le brosser...*, brosser... le bois ou buisson.

— 5. *Chasser en route lesdits...*, faire suivre la voie desdits...

— 8. *Fouler*, battre un endroit pied pour pied. (Le Verrier de la Conterie, *Dictionnaire des termes de chasse*.)

— *Le faisant bien fouler au limier*, lui faisant bien battre le terrain avec le limier.

40, 15-16. *Pour se donner garde si*, pour voir si.

— 17. *S'il en rencontre*, s'il trouve des voies.

— 18. *Le trac* (du latin *tractus*, avec le sens de traînée, suite), la suite des empreintes laissées sur la neige par les pieds de l'animal.

— 23. *Ne change les voyes*, ne suive celles d'un autre animal.

41, 1. *Balancé.* — *Balancer*, c'est quand un limier ne tient pas la voie juste, ou qu'il va et vient à d'autres voies. (Salnove, *la Vénerie royale, Dict. des chasseurs.*)

— 2-8. *Et est à noter...* Les loups ont coutume de marcher dans les voies les uns des autres; ils sont très-rusés, ils veulent laisser le moins possible des traces de leur passage. Par un temps de neige, suivez le piqué d'un loup, marchez, vous croirez, pendant une lieue, qu'il ne s'agit que d'un seul loup, mais quand vous serez arrivé près du rembûchement, vous verrez ces traces se multiplier : comme une corde que l'on dédouble en plusieurs ficelles, toutes ces voies paraissent au grand jour. Chaque loup a pris son canton. (Elzéar Blaze, *le Chasseur au chien courant*, t. II, p. 141.)

42, 5. *Vuider*, vider, sortir.

43, 3. *Requis*, nécessaire.

— 5. *Qui soyent de la race de ceux...* — Tous les chiens ne chassent pas volontiers le loup; aussi lit-on dans Salnove : « Il faut que les chiens courans pour chasser le loup soient d'une nature extraordinairement hardie ; puisqu'à tous les autres, bien loin de le chasser, aussitost qu'ils en ont le vent, le poil leur dresse, se mettans la queue entre les jambes, et derrière les chevaux des picqueurs, encore qu'ils soient sur les voyes d'une beste qui est dans leur sentiment et qui leur plaise... C'est pourquoy quand l'on est bien en race de chiens pour loup, il la faut conserver avec grand soin. Ce n'est pas qu'il ne s'en puisse rencontrer quelques-uns qui le chassent, quand vous les donnez avec d'autres au lancé d'un loup, encore qu'ils ne soient pas de race; mais ce ne sera que jusqu'à ce qu'ils ayent rencontré une autre beste dont le sentiment leur soit plus agréable..... Ce qui me fait dire que les chiens qui ne sont pas descendus de la race, chassent seulement par obéissance et non pas par inclination. » (*La Chasse du loup*, chap. 8.)

43, 7. *Nourrir*, élever.

— 11. *Un carnage*, un animal et principalement un cheval. (Voir page 45, lignes 9-10.)

— 16. *Ciseau*, flèche en acier.

44, 1. *Train*, la voie de l'animal.

— 12-13. *En sonnant le forhu et les trompes*, en forhuant (poussant de grands cris) et en sonnant de la trompe. Peut-être *en sonnant le forhu* signifie-t-il aussi : en criant *forhu;* car Claude Gauchet, contemporain de Clamorgan, dit que le *forthu* du loup est la teste de cet animal. (*Le Plaisir des champs, l'Esté, la Chasse du loup*, vers 522, note marginale.)

45, 5-7. *Comment il le faut chasser et prendre, en quelque sorte que ce soit*, les diverses manières de le chasser avec des chiens et de le prendre avec des filets ou des pièges.

46, 5. *Harts*, liens faits avec de l'osier ou du bois très-flexible.

48, 10. *Luy quittent*, lui abandonnent.

— 17. *Goulées* (du latin *gula*, gosier, gorge), grosses bouchées.

50, 4. *On me demandoit de,* on me questionnait sur.

— 12. *Encores que,* quoique.

51, 13. *Les mastins,* les chiens mâtins. — Les *mâtins* français, que les Latins appelaient *canis laniarius*, race croisée dont la tête est allongée, le front plat, les oreilles pendantes et la robe généralement fauve, sont une variété de la race canine qui est à la fois chien de berger et chien de garde. (Bénédict-Henry Révoil, *Histoire physiologique et anecdotique des chiens,* page 102.)

— 23. *Rebaudir*, exciter, encourager de la voix. — En retirant vostre vieux chien, faut pousser le jeune devant, en le *rebaudissant* des termes que j'ay dicts cy-dessus. (Charles IX, *la Chasse royale*, chap. 27.)

52, 5-6. *Rembuschement,* rembûchement, endroit où un animal entre dans un bois ou buisson.

— 8. *Festoyera son limier,* donnera à son limier *quelques friandises* (os ou morceaux de viande). Voir, ci-après, page 66, lignes 22-23.

— 9. *Sans le permettre,* sans lui permettre.

— 20. *Brisée,* petite branche rompue, placée par terre, le gros bout tourné dans la direction suivie par l'animal. — Quand les brisées sont mises à terre, on dit aussi qu'on *brise bas.* — Les veneurs veulent que les brisées soient rompues, cassées et non coupées. — On brise deux branches pour un cerf ou un autre animal et une seule pour une biche. (Baudrillart, *Dictionnaire des chasses,* v^is^. *Briser* et *Brisées.*)

— 21. *Brisée pendante,* branche à demi rompue, à hauteur d'homme, qu'on laisse pendre au tronc d'un arbre. — On dit aussi en pareil cas, *briser haut.* (Baudrillart, *ibid.*)

— 21-22. *Faire son enceincte,* tourner avec le limier autour de la partie de bois dans laquelle un animal est rembûché (est entré).

52, 22. *Prendra les devans.* — *Prendre* (ou *faire*) *les devans,* c'est faire par les routes le tour de l'enceinte dans laquelle on l'a (le cerf) rembuché (suivi la voie jusqu'à la coulée, par laquelle l'animal est entré sous bois). Si le cerf passe une de ces routes, le chien, qui s'en est rabattu aux brisées,... doit certainement s'en rabattre; s'il ne se rabat pas aux routes, le cerf est resté dans l'enceinte, et par conséquent détourné. (D'Yauville, *art.* 1er, *chap.* 7.)

53, 3. *Brisera comme devant,* fera des brisées, comme il vient d'être indiqué. (Voir page 52, lignes 19-20.)

— 7. *Forts*, cantons de bois épais et fourrés.

— 22. *Departir leurs questes*, se partager les cantons où ils doivent aller en quête.

54, 20. *Taupiere,* taupinière ou taupinée (petit monticule de terre que la taupe élève en fouissant).

56, 3. *Termée,* fixée, indiquée.

— 13. *Meute* (de *motus,* participe passé de *movere,* mouvoir). — L'auteur du *Livre du roy Modus et de la royne Racio* écrit *mute* et donne ainsi (chap. 1er) la définition de ce mot : « *Mute* de chiens est, quand il y a douze chiens courans et ung limier, et si moins en y a, elle n'est pas dicte mute... » — On forme les relais eu égard au nombre de chiens dont l'équipage est composé, et à leur plus ou moins d'égalité de force et de vitesse : les plus vites forment la *meute;* les autres sont divisés en plusieurs relais; on les donne successivement et suivant qu'ils sont plus ou moins vites. Je suppose, par exemple, que l'équipage soit composé de quarante chiens; on choisira d'abord les seize plus vigoureux, et ces seize-là font ce qu'on appelle la *meute* ou *chiens d'attaque;* sur les vingt-quatre qui restent, on en tirera dix de même pied, pour composer la *vieille meute*, laquelle donne immédiatement après la *meute;* le surplus se partage en deux *relais :* le premier donne après la *vieille meute*, et le second, qui est composé des plus vieux chiens, donne ensuite, et s'appelle les *six chiens.* (Le Verrier de La Conterie, *l'École de la chasse aux chiens courans, Chasse du cerf,* chap. 12.) — Ici la *meute* signifie donc, non pas l'ensemble des chiens, mais seulement ceux *d'attaque.*

57, 10. *D'heure à autre,* peu à peu.

— 11. *Et de relais.* — On a aussi des relais volants, pour suppléer ceux dont il vient d'être fait mention, lorsque la chasse a pris une direction non prévue, et qu'il est impossible de découpler utilement les trois relais d'ordonnance. (J. La Vallée, *Technologie cynégétique,* v° *Meute.*)

— — *Et qu'il les relave de prés.* — Le valet doit mener ses chiens hardez sur les voyes, et leur faire suivre trois ou quatre pas le droit (l'animal chassé par la meute), puis en doit laisser aller un, et s'il voit qu'il dresse (trouve bien la voie), pourra descoupler les autres... car s'il laissoit aller son relais de loing, il pourroit prendre le contrepied, qui seroit une grande faute. (Du Fouilloux, *la Vénerie,* chap. 38.) Voir aussi ci-après pages 64-65, lignes 21-2.

— 17. *De race,* d'une race aimant à chasser le loup.

58, 1. *Les tenir en queuë,* les suivre.

— 4. *Son forhu,* ses cris.

— 6-7. *Sonner mot.* Les veneurs du temps de du Fouilloux et de Clamorgan ne connaissaient point la trompe de chasse. Ils se servaient de l'olifant (sorte de cornet), instrument excessivement imparfait, ne donnant qu'une seule note. Cependant, soit en prolongeant plus ou moins les *mots,* comme on disait alors, soit en les séparant par des intervalles de silence inégaux, ils produisaient encore un certain nombre de phrases faciles à distinguer. — *Ne doyvent sonner mot*, doivent se taire, s'abstenir de sonner.

58, 9. *Credit*, confiance. — ... car cela empesche bien souvent que les chiens de la meulte ne peuvent ouyr les chiens à qui ils ont creance... où toute la jeunesse a tel *credit*... (Jehan du Bec, *Antagonie du chien et du lièvre*, chap. 13.)

— 13. *Entreprendre le cours*, se lancer, entrer dans le cours. (Voir plus bas, chap. 9.)

— 14. *Prendre à force*, prendre, forcer avec des chiens courants.

— 15. *Rebouter*, repousser, rejeter. — Gauchet, dans *le Plaisir des champs*, dit aussi :

*Il* (le loup) *tasche à se sauver et pense de nouveau*
(*Se voyant en danger*) *se relancer en l'eau ;*
*Mais deux picqueurs y sont qui de cela se doutent*
*Et qui, l'espée au poing, sur terre le* reboutent.

(*L'Esté, la Chasse du loup*, vers 399-402.)

— 16-17. *Il s'offrira*, il se présentera pour sortir (du bois).

— 20. *Tabourins*, tambours.

59, 5. *Gaigne dans*, s'enfuit dans.

— 8. *Pour le tenir aux abbois.*—En termes de vénerie, on dit qu'une bête est *aux abois* ou *tient les abois*, lorsque, fatiguée de courir, elle s'arrête et fait tête aux chiens. Si elle tombe, on dit qu'elle *tient les derniers abois*. (Baudrillart, *Dict. des chasses*, v° *Abois*.)

— 14. *Se sont... entretenus*, se sont... conduits, comportés.

60, 5-6. *S'il est tellement pressé de combattre qu'il*

*n'en puisse eschapper,* si ses adversaires le pressent de si près qu'il ne puisse refuser le combat.

60, 14. *Qu'on ayt failli,* qu'on n'ait pas pris d'animaux.

61, 7. *Toile,* toiles (grands filets pour prendre le gros gibier). Les rois de France avaient une vénerie (équipage) des toiles qui était souvent très-importante. Le maréchal de Fleuranges donne, dans le chap. 5 de ses *Mémoires,* de curieux détails sur celle de François Ier.

— 8. *Halliers.* Le hallier était une espèce de filet qu'on tendait en manière de haie dans un champ.

— 9-10. *Pour servir de defense seulement,* pour empêcher seulement les loups de sortir du bois, et non pour les prendre, comme cela se faisait dans d'autres chasses.

62, 4. *Bien a-il,* s'il a.

63, 1. *Revoir,* voir sur la terre l'empreinte du pied d'un animal; lorsque le terrain est frais et mollet, il fait *beau revoir,* et *mauvais revoir,* lorsqu'il est sec et aride. (D'Yauville, *Vocabulaire du valet de limier.*)

— 4. *Poudre,* poussière.

— 14. *Ils,* les loups.

— 15-16. *Pourveu qu'ils n'ayent esté forhués de quelqu'un,* pourvu que quelqu'un ne les ait pas poursuivis de ses cris.

64, 10-11. *Assentir,* sentir, flairer.

— 15. *Orra* (3e personne du futur du verbe *ouïr*), entendra.

65, 1. *Aller au change,* suivre les voies d'un autre animal que celui qui a été attaqué. On dit plus souvent *prendre le change.*

— 4. *Part,* partie, endroit.

65, 12. *Talon,* partie postérieure du pied.

— 15. *Les deux doigts...,* les deux grands doigts. ceux du milieu.

— 16. *Serrés,* serrés l'un contre l'autre, non écartés, — Le pied du loup, bien qu'il ressemble, au premier coup d'œil, à celui du chien, laisse sur le sol une empreinte différente. Son talon a la forme d'un cœur. Les deux doigts qui sont à droite et à gauche du pied, beaucoup plus courts que les autres, s'écartent un peu des deux côtés. Ceux du milieu sont plus projetés en avant et *resserrés l'un contre l'autre,* en sorte que l'ensemble de cette trace ne figure pas mal la fleur de lis des armoiries. Les deux doigts du milieu dessinent la feuille du centre, ceux de droite et de gauche imitent les deux feuilles pendantes, et le talon simule la base de la fleur. Le pied du chien, au contraire, donne une empreinte à peu près ronde, et les doigts du milieu ne sont pas beaucoup plus longs que ceux des côtés. Les ongles du loup sont plus gros, plus usés. Enfin, il est un caractère bien plus apparent chez le loup que chez le chien : c'est la différence de grosseur entre le pied de derrière et celui de devant (ce dernier est très-sensiblement plus grand et plus gros que le premier)... Le pied de la louve diffère de celui du mâle en ce que ses doigts sont moins charnus. Ceux de droite et de gauche se resserrent davantage, en sorte que le pied paraît plus allongé, et l'on dit qu'elle est *mieux chaussée.* Ses ongles, d'ailleurs, sont toujours plus aigus et moins usés... Enfin, la différence entre son pied de derrière et celui de devant est moins sensible que chez le mâle. (J. La Vallée, *la Chasse à courre en France,* pages 378 et suiv.)

66, 4. *En plateau,* plates, rondes, en forme de bousards (fientes de cerf molles comme de la bouse de vache).

67, 20. *Quels*, lesquels.

— 21. *Allans*. — « *L'alan* est grand ; il a les membres robustes, son museau est camard, son front est large et droit, ses yeux sont ronds et sanglants, son regard est terrible ; il a le cou épais et court ; sa force est telle, qu'il parvient à réduire un animal aussi vaillant et aussi féroce que le taureau, encore que celui-ci lui soit bien supérieur pour la grandeur..... Le *dogue* présente la même conformation, seulement sa taille est plus petite et plus ramassée, il a la queue moins longue et le poil moins épais. » De ce passage de Martinez de Espinar (*Arte de ballesteria*), le savant J. La Vallée (*la Chasse à courre en France*, page 29) infère que l'*alan* était un dogue de grande taille, et il ajoute que le *dogue*, décrit par Espinar, serait ce qu'on appellerait aujourd'hui un *bouledogue*. Selon La Vallée aussi, le mot *alan* ou *allan* viendrait assez vraisemblablement de *Al-Land*, nom celtique des Alains. Ce peuple, qui, après avoir pris part à la grande invasion des Gaules (406-410), s'établit en Espagne, était très-chasseur. Peut-être amena-t-il avec lui l'*alan*, race de chiens excessivement farouches, dont on se servit, pendant tout le moyen âge, pour combattre les animaux les plus féroces.

— 22. *Destourner*, détourner. — *Détourner un cerf*, c'est le manœuvrer jusqu'à ce qu'on le trouve resté dans une enceinte ; il est *détourné* quand, après avoir pris les devants de l'enceinte, on ne l'en a pas trouvé sorti. (D'Yauville, *Vocabulaire particulier du valet de limier*.)

68, 2. *Barbets*. — Le *barbet*, animal dont les longs poils frisés ressemblent à de la laine, est rendu peu gracieux par une tête ronde, mal attachée aux épaules, des jambes médiocrement longues, un corps court et gros et de larges oreilles pendantes. En revanche, il possède un excellent flair, une intelligence extraordinaire et nage merveilleusement. Au XVI^e^ siècle, on qui lui fit donner les sobriquets de *chien-cane, caniche.* (Bénédict-Henry Révoil, *Histoire physiologique et anecdotique des chiens*, p. 203.)

68, 4. *Espagneux.* — L'*épagneul* est un chien couchant ou d'arrêt, à poils longs et soyeux, que l'on suppose originaire de la péninsule ibérique, d'où ce nom d'*épagneul*, quoiqu'il ne soit pas plus commun en Espagne que dans toute autre partie de l'Europe. (La Vallée, *la Chasse à tir en France*, p. 109.)

— 6. *Chiens couchans.* On appelait aussi autrefois les chiens couchants *chiens d'oysel* (chiens pour oiseau). Les Espagnols les désignent sous le nom de *perros de muestra* (chiens de montre, qui montrent où est le gibier). L'épagneul n'est point le seul chien couchant ou *d'arrêt*, ainsi qu'on dit maintenant; les chasseurs à tir se servent encore, comme tels, du braque, du griffon et du barbet.

— 8. *Dogues.* Voir la note de la ligne 21 de la page 67. Cependant ces chiens, quoique moins grands et moins forts que les *alans*, devaient être de vrais dogues; car des bouledogues sembleraient insuffisants pour attaquer le sanglier, l'ours et le loup.

69, 1. On trouve dans certaines éditions *à la Cour, ou en Bretaigne.*

70, 5. *Asseoir*, disposer.

71, 3. *A val le vent*, en suivant la direction du vent.

— 8. *A la partie*, à la sortie.

— 12. *En pied montant*, en terrain dont le sol va en montant. — Il ne faut pas non plus mettre la courre la teste en bas, à raison de l'avantage qu'ont les loups sur les lévriers lorsqu'ils courent en descendant, à cause que toute la force du loup est sur le devant, ce qui le fait plus fortement soustenir en courant à la vallée que les lévriers : joint qu'ils (les lévriers) ne peuvent prendre le loup sans courre risque de tomber et faire la cullel'employait beaucoup pour la chasse du canard, ce bute. (Salnove, *la Vénerie royale, la Chasse du loup*, chap. 15.)

71, 12. *Huttes,* abris en branchages ou en toile (voir page 72, lignes 21 et suiv.), placés autour du cours et sous lesquels les valets de lévriers se cachaient ainsi que leurs chiens.

— 13-14. *Faictes en façon de fer à cheval,* disposées de manière à former un fer à cheval.

— 16. *Laisses.*—Quand on parle de lévriers, une *laisse* se dit d'une couple de ces chiens, qu'ils soient tenus ou non en laisse.

— 18. *Pour les lascher en queuë,* pour les lâcher derrière le loup.

— 20-21. *Pour les dresser au cours,* pour les mener, conduire dans le cours.

72, 2. *Lascheront à l'espaule,* les valets qui les tiennent les lâcheront à l'épaule, sur les flancs du loup.

— 2-3. *Si le loup est,* quand le loup sera.

— 3. *Autrement,* sinon, sans quoi.

— 4. *Qu'ils,* que les valets.

— 12. *Saillir*, sortir.

— 21. *Tannée,* couleur de tan. Page 78, lig. 13-15, Clamorgan dira : « Et sur tout faut que les huttes soyent bien espaisses, ou de *toile teinte,* comme j'ay dit cy-devant. »

73, 2. *Feugere,* fougère.

— 4. *Attaché de,* saisi, coiffé, porté à terre par. — Claude Gauchet, dans *le Plaisir des champs,* appelle *levriers d'attache* ceux qui doivent saisir, porter à terre le loup.

Pendant voilà qu'on lasche
A l'encontre de luy deux grands *levriers d'attache.*

(*L'Esté, Chasse du loup,* vers 353-354.)

74, 18. *S'il est assez fort,* s'il est assez épais, fourré.

— 20. *Gaignent les devans,* gagnent de vitesse sur les chiens, se mettent hors de leur poursuite.

75, 2. *Les chiens,* les chiens courants.

— 2-3. *Mal menés.*—On dit : Ce cerf, ce chevreuil, etc. paroist *mal-mené*, lorsqu'on s'aperçoit que ses forces s'épuisent, qu'il prend moins de devant et entreprend moins de terrain, enfin quand il va chancelant et se fait relancer souvent. (Le Verrier de La Conterie, *Dict. des termes de chasse.*)

76, 9. *Rets.* — Le *rêt* est un grand filet de huit pieds de haut, et long de quatre à cinq cens pieds, plus ou moins; il est fait de ficelles grosses à peu près comme une baguette à fusil. Les mailles ont cinq à six pouces en quarré, il est teint en verd ou en brun, il est monté haut et bas sur deux *landons* gros comme le pouce, qu'on appelle *câbles*. Pour le tendre, on attache le câble de bas à des crocs fichés en terre, celui de haut est porté sur des fourches, l'une deçà, l'autre delà. Quand le loup vient à donner dedans, il en tombe une partie dans laquelle il s'enveloppe. (Le Verrier de La Conterie, *l'École de la chasse aux chiens courans, Chasse du loup,* chap. 4.)

— 10. *Raiseaux*, filets aussi hauts, mais beaucoup moins longs que le *rêt* décrit par Le Verrier de La Conterie.

— 11. *Lassieres.* — La *lassière* ressemble parfaitement aux poches ou bourses, dans lesquelles on prend des lapins avec le furet; à cette différence près, qu'une lassière a environ six pieds en quarré, et que les mailles ont six pouces de diamètre. La ficelle dont on la fait est grosse comme le *petit doigt d'une jolie femme*. La corde sur laquelle elle est montée, et qui sert de cordon à cette bourse, est grosse comme le pouce; l'effet en est tel que, quand le loup se jette dedans, plus il s'efforce d'en sortir, plus il s'y enferme. En ce qui touche la façon de tendre les lassières, il faut, avant tout, considérer le pays et la position du buisson où les loups sont détournés... Si le buisson est dans une plaine, il faut, à cent pas d'une des lisières, construire une haie de huit ou neuf pieds de haut, si épaisse et si bien liée qu'un loup ne puisse passer au travers; elle peut durer deux ou trois ans, pour peu qu'on ne l'endommage pas; on n'attend point à la faire au jour qu'on veut s'en servir; c'est un ouvrage qui se fait dès qu'on est informé que les loups viennent se réfugier dans le buisson. En construisant cette haie, il faut avoir l'attention d'y faire, de distance en distance, autant d'angles qu'on a de lassières. Chaque angle forme une espèce de petite rue, que le loup ne manque pas d'enfiler; au moyen de quoi il se précipite dans la lassière, qui est adroitement tendue à l'extrémité de cette petite route. (Le Verrier de La Conterie, *ibid.*)

76, 13. *Garder,* observer.

77, 3. *Ordonner,* fixer, déterminer.

— 8. *Menant,* faisant.

— 12. *Passer ronces ny espines,* passer à travers ronces et épines.

— 13-14. *Sans sonner mot,* sans bouger, sans souffler.

— 23. *Mis en l'estrique,* placés sur les côtés. — Gauchet (*le Plaisir des champs, l'Esté, la Chasse du loup*) désigne, sous le nom de *lévriers d'estrique,* des lévriers moins grands et plus légers que les autres, tenus, dans un fossé, par un valet, à chaque extrémité du bois, du côté du cours. Le valet les lâchait quand le loup sortait, et ils étaient dressés à pousser, refouler l'animal, vers le fond du cours, sur des lévriers plus grands et plus forts, que le même auteur, comme on l'a déjà vu (note de la ligne 4 de la page 73), appelle *lévriers d'attache.*

— *Estrique* semble venir du latin *stringere*, serrer presser, lancer, diriger contre.

78, 5. *Esbrouer*, effrayer.

79, 4-5. *Margouillet ou billebauquet*, anneau. — En termes de marine, le *margouillet* est une sorte d'anneau employé pour diriger les petites manœuvres (cordages) qui descendent sur le pont.

— 6. *Le maistre.* — Les *maistres* étaient des cordes bien câblées, passant dans les mailles supérieures et inférieures des filets, et qui servaient à les tendre. On les appelait aussi *landons* ou *câbles*. (Voir la note de la ligne 9 de la page 76.)

— — *Et à chacun*, et passé à chacun.

— 6-7. *Fourcherons*, branches.

— 7-8 *Mises l'une avant, l'autre arriere*, mises, l'une en avant du filet, l'autre en arrière. (Voir la note 9 de la page 76.)

— 10. *Trop meilleure*, préférable.

— 15. *A regarder*, à faire attention, prendre garde.

— 18. *Toutes droites*, en suivant une ligne droite.

— — *Et sont*, et elles sont.

80, 1-2. *Pour deux costés*, des deux côtés.

— 2. *Il y a d'avantage que,...* il y a en outre cet avantage que...

— 6. *En allier de tonnelet.* — Le *tonnelet*, ou plutôt la *tonnelle*, était un filet conique de trois à cinq mètres de long, ressemblant beaucoup au verveux des pêcheurs et dont on se servait pour prendre les perdrix, les cailles et les faisans. Fixé à ras de terre à l'aide de cerceaux ou de baguettes, il avait un mètre de diamètre à l'ouverture. En avant de celle-ci et la joignant, deux *halliers* (voir note de la ligne 8 de la page 61), tendus en demi-cercle, formaient une espèce de haie. Quand l'engin était disposé, un chasseur, dissimulé sous une carcasse de bois recouverte, soit d'une peau de vache ou de cheval, soit d'une toile peinte imitant la couleur du poil de ces animaux, battait la plaine. Le gibier, habitué à ne point se méfier des chevaux et des bestiaux, se laissait facilement conduire, en courant à pied, vers la tonnelle. Dès qu'il était engagé dessous, on ramenait les halliers sur l'ouverture, et il se trouvait alors prisonnier.

80, 8. *Les pans de rets,* les panneaux des filets, les filets.

— 8-9. *A bon vent,* sous le vent, le vent venant du bois ou buisson.

81, 7. *En Genese...* — Le Seigneur Dieu ayant donc formé de la terre tous les animaux terrestres et tous les oiseaux du ciel, il les amena devant Adam, afin qu'il vît comment il les appellerait. Et le nom qu'Adam donna à chacun des animaux est son nom véritable. — Adam appela donc tous les animaux d'un nom qui leur était propre, tant les oiseaux du ciel que les bêtes de la terre. (Chap. II, *versets* 19-20.)

— 10. *Au premier chapitre dudit livre...* — Dieu dit ensuite : Faisons l'homme à notre image et à notre ressemblance, et qu'il commande aux poissons de la mer, aux oiseaux du ciel, aux bêtes, à toute la terre et à tous les reptiles qui se meuvent sur la terre.

— 11. *Psalme,* psaume. — Seigneur, notre souverain maître... — Quand je considère vos cieux,... — je m'écrie : Qu'est-ce que l'homme, pour mériter que vous vous souveniez de lui?... — Vous avez mis toutes choses sous ses pieds et les lui avez assujetties : — tous les troupeaux de brebis et de bœufs, et même les bêtes des champs ; — les oiseaux du ciel et les poissons de la mer qui se promènent dans les sentiers de l'Océan. (*Psaume* VIII, *versets* 1-8.)

81-82, 13-1. *Horrible,* redoutable, sévère.

82, 5. *Navrent,* blessent. Dans l'ancienne langue, *navrer* avait le sens de blesser, faire de grandes plaies.

83, 5-6. *Suspenduë, pour facilement tourner,* disposée de manière à pouvoir facilement tourner (à faire la bascule), quand le loup passera dessus. A cet effet, on plaçait en équilibre la claie (plate-forme en osier, un peu moins large que l'ouverture de la fosse) sur une poutrelle transversale, dont les extrémités s'appuyaient sur les bords de la fosse. Celle-ci, d'un diamètre et d'une profondeur d'environ trois mètres, était creusée dans une espèce de cul-de-sac formé par trois haies assez élevées. Les deux des côtés bordaient l'orifice de la fosse ; de sorte que le loup, pour chercher à aller prendre l'animal attaché au fond du cul-de-sac près de la troisième haie, était obligé de passer sur la claie. Sous le poids, la claie tournait alors, précipitait le loup dans la fosse, puis se refermait immédiatement sur lui en reprenant sa position horizontale. Afin de dissimuler le piège, on avait toujours soin de le couvrir, ainsi que les alentours, de terre, de branchages ou de bruyères.

— 7. *Oyson,* oison, jeune oie.

— — *Aigneau,* agneau.

— 9. *Par dessus,* dessus.

— 14. *Commune,* habituelle, ordinaire.

84, 1. *Lasset,* lacet, nœud coulant.

— 10. *Chegros,* fil enduit de poix, dont les cordonniers et les bourreliers se servent pour coudre le cuir.

— 15. *Recouvrer,* se procurer.

— 18. *Foine,* fouine.

85, 4. *Hoyeau*, sorte de *houe*, instrument de culture, composé d'un manche en bois long d'environ un mètre et d'une lame de fer fixée par une douille, faisant avec celui-ci un angle plus ou moins aigu.

— 8. *Insculpe* (du latin *insculpere*), grave, imprime.

— 15-16. *Tu la puisses asseurer*, tu puisses en avoir la preuve par le pas.

86, 1. *Lopins*, petits morceaux.

— 4-5. *Appaster... des...*, mettre comme appât... des...

— 5. *Rongées*, os dont on a enlevé la viande qui les entourait.

— 16. *Limosin*, Limousin.

— 17. *Un des plus rares...*, un des plus habiles... — On dit encore aujourd'hui de quelqu'un qui a un mérite exceptionnel : *C'est un homme rare*.

# TABLE

*Imprimé par D. JOUAUST*

POUR LA COLLECTION

DU CABINET DE VÉNERIE

FÉVRIER 1881

www.ingramcontent.com/pod-product-compliance
Ingram Content Group UK Ltd.
Pitfield, Milton Keynes, MK11 3LW, UK
UKHW020148200726
13856UKWH00003B/898

9 782011 947185